ROS 2 기반
자율주행 차량
설계 및 구현

ROS 2 기반 자율주행 차량 설계 및 구현

홍형근, 이진선, 이시우, 전재욱 지음

성균관대학교
출판부

Introduction

머리말

오늘날 자율주행 기술은 자동차 산업뿐만 아니라 다양한 분야에서 혁신을 이끌어가는 핵심 기술로 자리 잡고 있다. 특히, 자율주행 차량의 인지, 판단, 제어를 소프트웨어로 구현하는 과정은 미래의 모빌리티 기술을 실현하는 데 있어 필수적인 요소이다. 이러한 흐름 속에서, 실무에 바로 활용할 수 있는 자율주행 소프트웨어를 학습하는 경험은 학생과 개발자 모두에게 큰 도전이자 기회가 될 것이다.

본 교재는 자율주행 소프트웨어 개발의 기본 개념과 실제 구현을 체계적으로 학습할 수 있도록 설계되었다. ROS 2를 기반으로 한 환경에서 자율주행 시스템의 핵심 요소인 인지, 판단, 제어를 단계적으로 학습하며, 라이다(LiDAR), 카메라 등 다양한 센서를 활용한 데이터 처리 및 차량 제어를 직접 경험할 수 있도록 하였다.

본 교재의 가장 큰 특징은 실습 중심의 접근이다. 독자는 유아용 전동차를 활용하여 자율주행 차량 플랫폼을 직접 조립하고, 프로그래밍하여 동작을 확인하는 과정을 통해 자율주행 기술의 원리를 명확히 이해할 수 있을 것이다.

본 교재를 통해 독자들이 자율주행을 직접 구현하고, 이를 바탕으로 자율주행 기술 역량을 향상시키는 데 도움이 되길 바란다. 끝으로, 본 교재를 집필하는 동안 많은 도움을 준 성균관대학교 출판부와 자동화 연구실 인원들에게 감사의 인사를 전한다.

교재 활용법

본 교재에 대한 이해를 돕기 위해 자동화 연구실에서는 교육 영상 자료를 제공한다. 자동화 연구실의 Youtube 채널[1]에서의 재생 목록에 있는 영상 자료를 적극 참고하길 바란다. 또한, 본 교재에서 다루는 실습 코드는 GitHub 리포지토리[2]를 통해 배포된다. 리포지토리에서 실습 코드뿐만 아니라 필요한 영상 자료 링크 및 추가 학습 자료도 관리하므로, 필요 시 활용하길 바란다.

자율주행 구현을 위해서는 유아용 전동차, 카메라, 라이다 센서와 같은 장비들이 준비되어야 하지만, 일부 독자들에게는 이러한 준비가 부담스러울 수 있다. 따라서 이에 해당하는 독자들은 차량 조립, 제어부 실습을 제외한 인지부 실습, 판단부 실습을 진행하면 된다. 해당 독자들은 3장~5장, 7장~9

• • •

---

1) https://www.youtube.com/@skku-automation-lab/palylists
2) https://github.com/SKKUAutoLab/ros2_autonomous_vehicle_book.git

장, 11장~18장, 22장~24장에 해당하는 부분의 실습을 진행하길 바란다.

준비물이 다 갖춰져 있지 않은 독자들이라 할지라도 본 교재의 내용을 읽는 것을 건너뛰기보다는 속독하는 형태로 내용을 앞 장부터 순서대로 읽어나가길 권한다. 실습 교재의 특성상, 앞 장에서 구성한 개발 환경을 뒷장에서 활용하기 때문이다. 본 교재를 앞 장부터 차근차근 이해해 나간다면, 자율주행의 기본적인 매커니즘을 이해하는데 큰 도움이 될 것이다.

본 교재에서는 자율주행SW경진대회 환경에서 사용한 주행 환경에서의 실습을 전제로 한다. 주행 환경에 대한 내용은 부록에 상술하였다. 교재에서 전제로 한 주행 환경을 갖추지 못하였더라도, 실습코드에서 주행 시뮬레이션 영상을 제공하여 인지 및 판단 실습을 하는데에 무리가 없을 것이다. 또한, 독자들이 가지고 있는 각자의 주행 환경을 26장의 내용을 통해 데이터를 수집한 후, 13장의 내용을 통해 학습하여 알고리즘을 작성한다면, 해당 환경에서 자율주행을 구현할 수 있을 것이다.

목차

## 1부

자율주행 차량 준비

1장
준비물

1장에서는 자율주행 실습을 진행하기 위한 준비물을 소개한다. 준비물의 목록은 1.1절에 한눈에 볼 수 있도록 구성하였다. 각 준비물에 대한 상세 설명은 1.2절에 기술하였다. 호환이 되지 않는 제품을 구매하지 않도록 반드시 1.2절에 기술한 바를 읽고 준비물을 구매하길 바란다.

1.1. 준비물 목록

표 1.1은 자율주행 실습을 진행하기 위한 준비물 목록이다. "품명"은 본 교재에서 해당 부품을 언급할 때 사용하는 명칭이다. 따라서 "품명"은 범용적인 단어이며, 공식 명칭은 아닐 수 있다. "검색키워드"는 해당 준비물의 구매 페이지를 빠르게 찾을 수 있도록 하는 단어이다. "검색키워드"를 통해 제품을 검색하고, 1.2절에 기술한 제품 상세 내용과 검색한 제품의 상세 내용의 일치 여부를 확인하고 구매하면 된다.

표 1.1. 자율주행 차량에 필요한 준비물 목록

No.	품명	검색키워드	수량
1	노트북 PC	-	1
2	USB	-	1
3	유아용 전동차	벤츠 NEW GTR AMG 유아전동차	1
4	카메라	C920 웹캠	1
5	라이다	Slamtec RPLIDAR A1M8	1
6	아두이노 메가	Arduino Mega 2560	1
7	아두이노 전원 허브	PWR060014	1
8	가변저항	ELB030640	1
9	모터 드라이버	SZH-GNP 521	3
10	배터리	220V 지원 캠핑용 배터리	1
11	SMPS (Switching Mode Power Supply)	LRS-600-12	1
12	아두이노 시리얼 케이블	A-B 케이블	1
13	점퍼 케이블 MM/FF/MF	아두이노 점퍼 케이블	각각 1묶음
14	전원 케이블	PC 파워케이블	1
15	2색 구리선	2색배선 0.8SQ	2m 이상
16	5핀 케이블	마이크로 5핀 케이블	1
17	니퍼, 스트리퍼	-	1EA
18	드라이버 세트	-	1SET
19	절연 테이프	-	1EA
20	멀티미터	-	1EA

1.2. 준비물 상세 설명

1.2.1. 노트북 PC

노트북 PC는 차량에 탑재하여 주요한 자율주행 소프트웨어를 개발 및 실행하는 데 사용된다. 노트북 PC에 Nvidia GPU가 탑재되어 있다면 자율주행 딥러닝 연산을 처리하기 적절하며, Nvidia GPU가 탑재되어 있지 않다면 딥러닝 연산 처리 속도가 느려, 자율주행 차량을 빠르게 구동하기 어렵다. 노트북 PC에 Nvidia GPU가 탑재 여부는 "장치 관리자"를 통해 알 수 있다. 그림 1.2.1과 같이 Windows 검색 창에 "장치 관리자"를 검색하여 실행하도록 한다.

그림 1.2.1. 장치 관리자 실행

장치 관리자 창에서 "디스플레이 어댑터" 탭을 확인하였을 때, Nvidia GPU가 탑재된 노트북 PC에는 "NVIDIA"로 시작하는 장치가 표시된다.

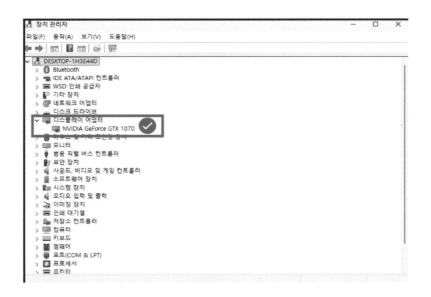

그림 1.2.2. 디스플레이 어댑터 확인

1.2.2. USB

USB는 노트북 PC에 Ubuntu를 설치하기 위해 사용된다. 8GB 이상의 초기화 된 USB가 필요하다.

1.2.3. 유아용 전동차

자율주행 차량은 유아용 전동차를 개조하여 설계한다. 본 교재에서 사용하는 유아용 전동차는 "벤츠 NEW GTR AMG 유아전동차"이다(그림 1.2.3).

그림 1.2.3. 유아용 전동차

1.2.4. 카메라

카메라는 자율주행 차량의 "눈" 역할을 하며, 차선, 신호등, 장애물 등을 인지할 수 있도록 한다. 특히 카메라는 물체의 색상, 형태, 텍스처를 인지할 수 있어, 상세한 환경 정보를 제공할 수 있다. 다만, 카메라는 외부의 밝기, 날씨 등 주위 환경의 영향을 크게 받을 수 있다는 단점이 있다.

본 교재에서 다루는 실습에서는 웹캠 카메라를 활용한다. 웹캠은 쉽게 구할 수 있으며, 실시간 영상 스트리밍이 가능해 자율주행 알고리즘을 빠르게 테스트하고 실험하기에 적합하다. 더불어, 노트북 PC와의 연결이 매우 용이하다.

본 교재에서 다루는 실습에 적합한 성능과 호환성을 갖춘 모델로, 로지텍 C920 웹캠을 권장한다(그림 1.2.4).

그림 1.2.4. 카메라

1.2.5. 라이다

라이다는 주변 환경의 거리와 위치를 감지하여 지형을 파악할 수 있도록 한다. 라이다는 레이저 빛을 발사하고 물체에 반사되어 돌아오는 시간을 측정하여 물체와의 거리를 계산한다. 라이다는 크게 3D 라이다와 2D 라이다로 나뉘며, 이 두 가지는 환경 인식 방식에 차이가 있다.

3D 라이다는 다중 레이저 레이어를 통해 상하 방향의 거리까지 측정할 수 있어, 차량 주위의 물체나 장애물의 깊이와 높이까지 포함된 정밀한 3차원 지형 정보를 제공한다. 3D 라이다는 자율주행에서 복잡한 환경을 입체적으로 인식하는 데 유리하지만, 고가이며 계산 복잡도가 높아 간단한 실습용으로는 적합하지 않을 수 있다.

2D 라이다는 한 평면에서만 거리 정보를 수집하여, 평면적인 2차원 지도 형태로 주변을 인식한다. 높이를 감지하지는 못하지만, 주변 물체의 위치나 경계선과 같은 평면적 정보를 감지하는 데 적합하여 장애물 회피나 실내 맵핑 등 간단한 환경 인식 기반의 자율주행에 자주 활용된다.

본 교재에서는 자율주행의 기본적인 환경 인식을 실습하기 위해 2D 라이다인 RPLiDAR A1M8 모델을 사용한다. 이 센서는 360도 회전하며, 최대 12 미터까지 평면 거리 데이터를 수집할 수 있어, 차량 주위의 장애물 감지에 유용하다. RPLiDAR A1M8은 설치 및 연결이 쉬워 자율주행 실습에 적합하며, 라이다의 기본적인 거리 측정 원리와 평면 환경 인식 기술을 학습하는 데에 효과적이다.

그림 1.2.5는 RPLiDAR A1M8의 구성품이다. 구매 시 그림 1.2.5와 같은 구성품이 있는지 확인하도록 한다. 구성품은 본체, 쪽보드, 본체와 쪽보드를 연결하는 선으로 구성되어 있다.

그림 1.2.5. RPLiDAR A1M8 본체(좌), 연결선(중앙), 쪽보드(우)

1.2.6. 아두이노 메가

아두이노 메가는 아두이노 계열의 마이크로컨트롤러 보드 중 하나로, ATmega2560 마이크로컨트롤러를 기반으로 한 보드이다. 아두이노 메가는 다양한 디지털 및 아날로그 입출력 핀, 통신 인터페이스, PWM(Pulse Width Modulation) 출력 등을 포함한 다양한 기능을 제공하여 프로토타이핑 및 임베디드 시스템 개발에 적합하다.

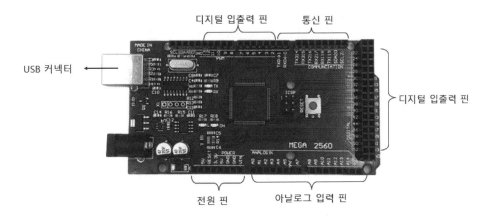

그림 1.2.6. 아두이노 메가

아두이노 메가(그림 1.2.6)에는 디지털 입출력 핀, 아날로그 입력 핀, 전원 핀, 통신 핀, USB 커넥터가 있다.

디지털 입출력 핀은 2~13번, 22~53번 핀이다. 이 핀들은 출력 모드로 설정하여 HIGH(5V) 또는 LOW(0V)로 설정하거나, 입력 모드로 설정하여 HIGH(5V) 혹은 LOW(0V)의 상태를 감지할 수 있다. 이 중 2~13번 핀과 44~46번 핀은 PWM 출력을 지원하여, 아날로그 신호를 모방하여 디지털적으로 제어된 신호를 생성할 수 있다. PWM 출력을 지원하는 핀을 활용하면 신호의 HIGH인 상태와 LOW인 상태의 비율을 변경할 수 있어, 아날로그적인 출력을 생성하여 LED 밝기를 조절하거나, DC 모터의 속도를 제어할 수 있다.

아날로그 입력 핀은 총 16개가 있다. 이 핀들을 활용하여 0V에서 5V 사이의 아날로그 신호를 읽을 수 있다.

전원 핀은 5V 전원을 제공하는 5V 핀, 3.3V 전원을 제공하는 3.3V 핀, 접지 핀인 GND 핀이 있다.

통신 핀은 0~1번, 14~21번 핀이다. 이 중 20~21번 핀은 I2C 또는 TWI 통신을 위한 핀이며, 0~1번 핀과 14~19번 핀은 시리얼 통신을 위한 핀이다.

USB 커넥터는 노트북 PC와의 연결을 위한 부분이다. 아두이노 시리얼 케이블을 통해 노트북 PC와 연결할 수 있다.

1.2.7. 아두이노 전원 허브

아두이노 전원 허브는 아두이노 메가 보드에 부족한 5V 및 GND 핀을 확장하기 위해 사용된다. 아두이노 전원 허브 입력부에 연결된 GND와 VCC 핀은 출력부에서 각각 다수의 GND와 VCC 핀으로 확장되어, 아두이노 메가와 연결된 센서 및 모듈에 전원을 분배할 수 있다. 본 교재에서는 YURO-BOT에서 제작한 PWR060014 제품을 권장한다. 이 제품을 사용하면 입력 핀에 연결된 핀의 개수를 16개로 확장할 수 있다.

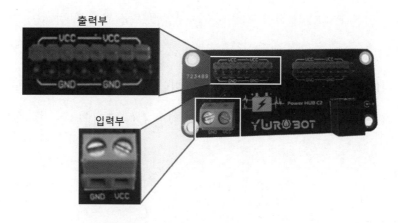

그림 1.2.7. 아두이노 전원 허브

1.2.8. 가변저항

가변저항은 저항값을 조절할 수 있는 부품이다. 가변저항은 스위퍼와 3개의 핀으로 구성된다. 스위퍼는 가변저항의 손잡이로, 회전을 시킬 수 있는 부분이다. 스위퍼를 회전시켜 가변저항의 저항 값을 조절할 수 있다. 3개의 핀은 각각 OUT, VCC, GND 핀이다. VCC 핀과 GND 핀을 각각 아두이노의 5V 핀과 GND 핀에 연결하고, OUT 핀을 아두이노 메가의 아날로그 입력 핀에 연결하면 가변저항 값을 아두이노 메가에서 읽어낼 수 있다. 본 교재에서 다루는 실습에서는 가변저항을 핸들 축과 연결하여 핸들의 회전 정도를 측정하고, 이를 통해 자율주행 차량의 방향 제어에 활용할 것이다.

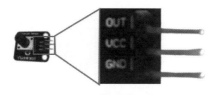

그림 1.2.8. 가변저항

1.2.9. 모터 드라이버

모터 드라이버는 모터를 제어하기 위해 사용하는 전자 부품으로, 아두이노 메가와 같은 마이크로컨트롤러의 제어 신호를 받아 자율주행 차량의 모터를 구동할 수 있도록 돕는다. 아두이노 메가는 전류 공급 능력이 제한적이기 때문에, 직접적으로 자율주행 차량의 모터를 구동할 수 없다. 모터 드라이버는 아두이노 메가로부터 제어 신호를 받고, 배터리 및 SMPS를 통해 충분한 전류를 공급받아 모터에 적절한 전류와 전압을 전달하며, 모터의 방향과 속도를 정밀하게 조절할 수 있다. 본 교재에서 다루는 실습에서는 "SZH-GNP 521" 모터 드라이버를 활용한다. "SZH-GNP 521" 모터 드라이버는 전원 입력부, 제어 명령 입력부, 출력부로 구성되어 있다. 전원 입력부는 배터리 및 SMPS(Swiching Mode Power Supply)를 통해 충분한 전류를 공급받기 위한 포트이며, 제어 명령 입력부는 아두이노 메가로부터 제어 명령을 받는 포트이다. 출력부는 제어 명령에 따라 전원이 모터로 전달되는 포트로, 유아용 전동차의 모터가 연결된다. 이를 통해 아두이노 메가에서 전달한 제어 명령에 따라 모터가 동작하게 되어 자율주행 차량을 구동하게 된다.

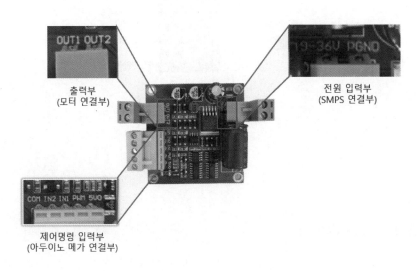

그림 1.2.9. 모터 드라이버

1.2.10. 배터리

배터리는 자율주행 차량의 전자 장치들에 전원을 공급한다. 본 교재에서는 220V AC 포트를 지원하는 제품을 채택하여, 실습 환경에서 편리하게 전력을 공급받을 수 있도록 하였다. 220V AC 포트를 통해 공급되는 전력은 SMPS(Switching Mode Power Supply)를 통해 DC 모터에 적합한 DC 전압으로 변환되어 사용된다. 이를 통해 안정적이고 효율적인 전원 공급이 가능하다.

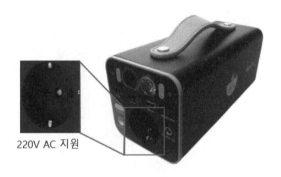

220V AC 지원

그림 1.2.10. 배터리

1.2.11. SMPS(Switching Mode Power Supply)

SMPS는 자율주행 차량의 전자 장치에 적절한 DC 전압을 공급하기 위해 AC를 DC로 변환하는 전원 장치이다. 본 교재에서는 220V AC를 받아 모터 드라이버에 안정적인 DC를 공급하기 위해 사용되며, "LRS−600−12" SMPS를 권장한다. "LRS−600−12" SMPS는 입력 전압 조절부, 출력 전압 조절부, AC 입력부, DC 출력부로 구성된다. 입력 전압 조절부는 스위치 형태로 115V와 230V의 두 가지 옵션 중 하나를 선택하도록 구성되어 있는데, 이 중에서 230V로 설정하도록 한다. 출력 전압 조절부를 조정하면 출력 전압을 높이거나 낮출 수 있다. AC 입력부는 배터리로부터 AC를 받고, DC 출력부는 모터 드라이버를 구동할 수 있는 DC 전원을 출력한다.

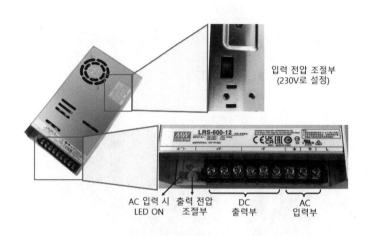

그림 1.2.11. SMPS

1.2.12. 아두이노 시리얼 케이블

아두이노 시리얼 케이블은 아두이노 메가 보드를 컴퓨터와 연결하여 데이터 통신을 가능하게 해주는 케이블이다. 이 케이블은 아두이노 보드에 전원을 공급하는 동시에, 컴퓨터와의 USB 시리얼 통신을 통해 프로그램을 업로드하거나 실시간으로 데이터를 주고받을 수 있게 한다.

본 교재에서는 아두이노 메가와 컴퓨터를 연결하여 코드 업로드, 가변저항 값 확인, 제어 명령 전송 작업을 수행하기 위해 시리얼 케이블을 사용한다.

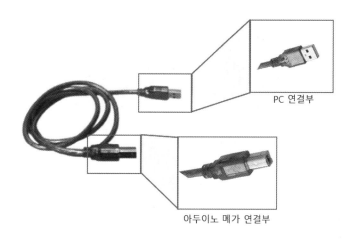

PC 연결부

아두이노 메가 연결부

그림 1.2.12. 아두이노 시리얼 케이블

1.2.13. 점퍼 케이블 MM/FF/MF

점퍼 케이블은 아두이노 메가, 가변저항, 모터 드라이버 등의 전자 부품을 연결할 때 사용하는 전선으로, MM(Male-Male), FF(Female-Female), MF(Male-Female) 세 가지 종류가 있다. MM 케이블은 양 끝 포트가 모두 M 타입인 케이블, FF 케이블은 양 끝 포트가 모두 F 타입인 케이블, MF 케이블은 한쪽 끝 포트는 M 타입, 반대쪽 포트는 F 타입인 케이블이다. 점퍼 케이블은 전원 및 신호 연결을 간편하게 해주며, 다양한 핀 타입에 따라 연결할 수 있는 유연성을 제공한다.

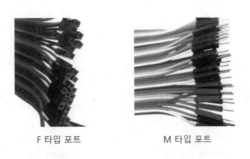

F 타입 포트   M 타입 포트

그림 1.2.13. 점퍼 케이블

1.2.14. 전원 케이블

전원 케이블은 본 교재에서 다루는 실습에서 배터리와 SMPS 간의 연결을 하기 위해 사용된다. 사용하는 전원 케이블은 데스크탑 PC나 가전제품에서 범용적으로 사용하는 전원 케이블로, 한쪽은 220V AC 전원 연결부이며, 다른 쪽은 케이블을 잘라 피복을 벗긴 후 SMPS에 연결한다. 피복을 벗기는 작업을 통해 내부의 전선(갈색선, 파란색선, 접지선)을 노출시키고, SMPS의 AC 입력부에 연결할 수 있다.

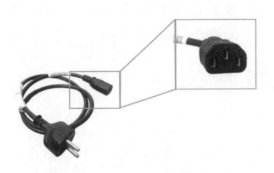

그림 1.2.14. 전원 케이블

1.2.15. 2색 구리 선

2색 구리 선은 전원 및 신호 연결을 명확하게 구분하기 위해 사용하는 전선이다. 본 교재에서 다루는 실습에서는 SMPS, 모터 드라이버, 모터를 연결하기 위해 사용된다. 빨간색과 검은색으로 구성되며, 빨간색은 VCC를, 검은색은 GND를 나타낸다. 이 구리 선을 사용하면 전자 부품간의 연결에서 극성을 명확히 구분할 수 있어, 배선 작업시 실수를 줄이고 안정성을 높일 수 있다.

그림 1.2.15. 2색 구리 선

1.2.16. 5핀 케이블

5핀 케이블은 라이다와 노트북 PC를 연결하기 위해 사용된다. 라이다의 쪽보드 모듈과 노트북 PC를 연결하여, 노트북 PC가 라이다 값을 받을 수 있도록 한다.

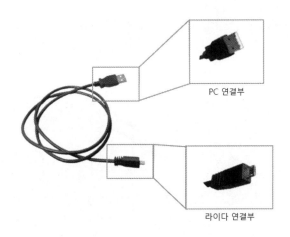

PC 연결부

라이다 연결부

그림 1.2.16. 5핀 케이블

1.2.17. 니퍼, 스트리퍼

자율주행 차량 조립을 하기 위해서는 전원 케이블, 2색 구리 선과 같은 케이블들의 선을 자르거나, 피복을 벗기는 작업이 필요하다. 따라서 니퍼나 스트리퍼와 같은 공구를 준비 하도록 한다.

1.2.18. 드라이버 세트

자율주행 차량 조립을 하기 위해서는 모터 드라이버, SMPS와 같은 부품들의 나사를 돌리는 작업이 필요하다. 따라서 다양한 크기 및 종류가 포함되어 있는 드라이버 세트를 준비 하도록 한다.

1.2.19. 절연 테이프

자율주행 차량 조립을 하는 과정에서 피복을 벗겼을 때, 절연 처리가 되지 않으면 합선이 발생하여 기기 고장 및 화재를 유발할 수 있다. 따라서 피복을 벗기고, 배선 연결을 완료한 이후에는 합선이 발생하지 않도록 절연 테이프를 활용하여 전선을 감싸, 전선 간 접촉을 방지하여 안전사고에 각별히 유의해야 한다.

1.2.20. 멀티미터

멀티미터는 전압, 전류, 저항 등을 측정할 수 있는 다목적 전자 측정 장비로, 자율주행 차량 조립 및 실습 과정에서 회로의 상태를 점검하고 진단하는 데 사용된다. 2장에서 각종 전자 부품을 연결할 때마다 멀티미터를 활용하여 연결을 점검하도록 한다.

2장

자율주행 차량 조립

2장에서는 1장에서 소개한 준비물을 기반으로 자율주행 차량 조립을 위한 부품들의 연결 및 결합 방법을 설명한다. 2장에서 다루는 내용은 자동화 연구실의 Youtube 채널에 보다 자세하게 설명되어 있다.

2.1. 바퀴 조립

유아용 전동차를 구매하여 개봉하면 바퀴, 핸들, 기타 부품들이 포함되어 있고 각 부품의 조립법이 설명서에 나타난다. 자율주행 차량을 구성하기 위해서는 유아용 전동차에서 우선 바퀴를 조립하고, 다른 부품들은 조립하지 않는다. 그림 2.1.1과 그림 2.1.2는 유아용 전동차 바퀴 조립 설명서 중 일부이다.

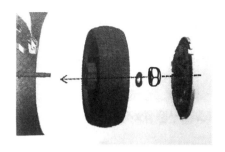

그림 2.1.1. 앞바퀴 조립법

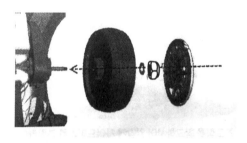

그림 2.1.2. 뒷바퀴 조립법

2.2. 전원부 연결

본 절에서는 차량을 구동하기 위해 부품들에 전원을 공급하기 위한 연결을 설명한다.

그림 2.2.1은 전원부의 연결도이다. 배터리와 SMPS 연결, SMPS와 모터 드라이버 연결, 모터 드라이버와 모터 연결 순서로 연결해보도록 한다.

배터리   SMPS   모터

모터드라이버

그림 2.2.1. 전원부 연결도

2.2.1. 배터리 - SMPS 연결

SMPS는 배터리로부터 220V AC를 입력으로 받는다. 이를 위해 전원 케이블을 이용해 배터리와 SMPS를 연결한다.

그림 2.2.2. 전원케이블 피복 제거 전(좌측), 후(우측)

그림 2.2.2에 나타난 바와 같이 전원 케이블의 끝부분을 잘라내고, 피복을 벗겨준다. 케이블 내부에는 파란색 선, 갈색 선, 녹색 줄무늬 선이 있다. 이를 그림 2.2.3에 나타난 바와 같이 파란색 선은 SMPS의 N, 갈색 선은 SMPS의 L, 녹색 줄무늬 선은 접지부에 연결하도록 한다.

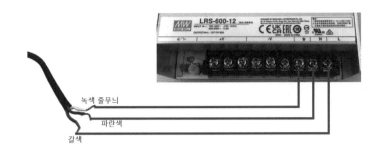

그림 2.2.3. 전원케이블 연결 전(좌측), 후(우측)

최종적으로 그림 2.2.4와 같이 배터리와 SMPS를 연결한 뒤에 배터리의 전원을 켰을 때 SMPS의 LED등이 점등이 되고, 멀티미터를 통해 SMPS의 DC 출력부에 "+V" 부분과 "−V" 부분의 전위차가 12V 정도 나타나면 제대로 연결된 것이다(출력 전압 조절부를 통해 전위차를 조절 가능하다).

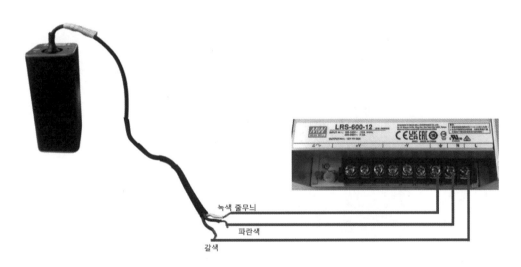

그림 2.2.4. 배터리 - SMPS 연결

2.2.2. SMPS - 모터 드라이버 연결

모터 드라이버는 SMPS로부터 12V DC를 인가받는다. 이를 위해 SMPS의 출력부와 모터 드라이버의 전원 입력부를 굵은 구리선을 통해 연결한다. SMPS의 출력부의 "-V" 부분에는 검은색 선을, "+V" 부분에는 붉은색 선을 연결한다. 모터 드라이버에는 9-36V라고 쓰여진 곳에 붉은색 선을, PGND라고 쓰여진 곳에 검은색 선을 연결한다. 그림 2.2.7과 같이 모터 드라이버에서 커넥터를 분리하여 일자 드라이버를 사용하여 선을 고정한 뒤, 다시 커넥터를 모터 드라이버와 연결한다.

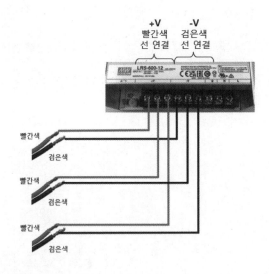

그림 2.2.5. SMPS 출력부 연결

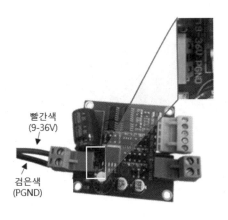

빨간색
(9-36V)

검은색
(PGND)

그림 2.2.6. 모터 드라이버 입력부 연결

반시계 방향 회전
(일자드라이버 활용)

선 삽입

시계 방향
회전하여 고정

그림 2.2.7. 모터 드라이버 커넥터 분리 후 선 연결

2.2.3. 모터 드라이버 - 모터 연결

유아용 전동차 내부에는 그림 2.2.8과 같이 3개의 모터가 있다. 각 모터당 모터 드라이버 하나씩을 연결해야 한다.

2개의 후륜 구동 모터 연결선 피복은 그림 2.2.9와 같이 니퍼와 스트리퍼를 활용하여 제거한다.

그림 2.2.8. 유아용 전동차 내부 모터 위치

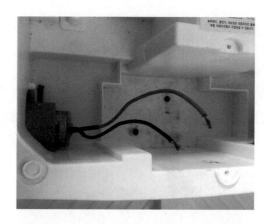

그림 2.2.9. 후륜 구동 모터 연결선 피복 제거

조향 모터는 그림 2.2.10과 같이 차량 앞부분의 계기판 구조물의 아래 부분에 위치한다. 계기판 구조물을 분리하여 조향 모터 연결선을 확인한다. 조향 모터 연결선은 차체 아래를 거쳐 차체 뒷부분까지 연결되어 있다. 차체 뒷부분에서 조향 모터 연결선의 피복을 니퍼와 스트리퍼를 이용하여 제거한다.

조향 모터 연결선
(차량 뒷편까지 연결 되어 있음)

그림 2.2.10. 차량 앞편 조향 모터 연결선 확인

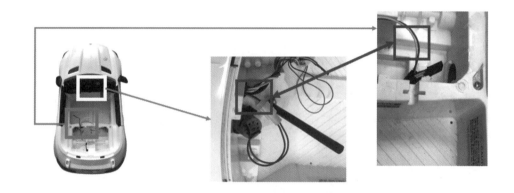

그림 2.2.11. 차량 뒤편까지 연결된 조향 모터 연결선 확인 후 피복 제거

그림 2.2.9와 그림 2.2.11에서 피복을 제거한 선 3쌍을 그림 2.2.7과 같이 모터 드라이버 커넥터에 연결한 뒤, 그림 2.2.12와 같이 모터 드라이버의 OUT1, OUT2를 연결한다.

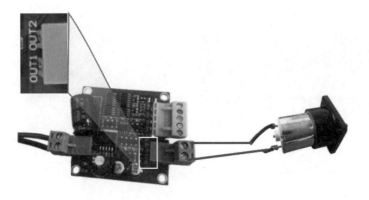

그림 2.2.12. 모터 드라이버 출력부 연결

　　그림 2.2.13은 차량 뒷면에 모터와 모터 드라이버를 연결한 모습이다(모
터 드라이버와 모터의 연결만을 쉽게 보이기 위해 SMPS와 모터 드라이버의 연결은
제거하였다). 중앙의 모터 드라이버는 차량 앞쪽의 핸들에 부착된 모터와 연
결되며, 좌측과 우측의 모터 드라이버는 각각 구동 모터와 연결된다.

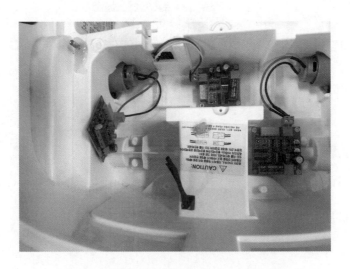

그림 2.2.13. 모터와 모터 드라이버를 연결한 모습

2.3. 제어부 연결

본 절에서는 차량을 구동하기 위해 부품 간에 제어 신호를 전달하기 위한
연결을 설명한다.

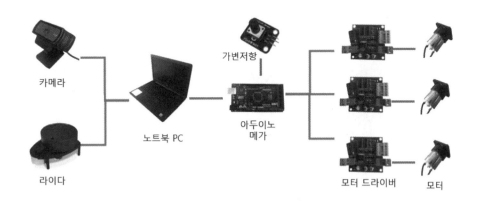

그림 2.3.1. 제어부 연결도

2.3.1. 카메라 - 노트북 PC 연결

카메라와 노트북 PC는 USB 포트를 이용하여 연결한다. 만일 USB 포트
가 부족하다면 USB 허브를 활용하도록 한다.

2.3.2. 노트북 PC - 아두이노 메가 연결

노트북 PC와 아두이노는 아두이노 시리얼 케이블(1.2.12절 참조)을 이용하
여 연결한다. 노트북 PC의 USB 포트와 아두이노 메가의 USB 커넥터 부분
에 아두이노 시리얼 케이블을 결합하면 된다. 만일 USB 포트가 부족하다면
USB 허브를 활용하도록 한다. 아두이노 메가가 제대로 연결되었는지 확인하

는 절차는 10.1절을 참조하길 바란다.

2.3.3. 아두이노 메가 - 모터 드라이버 연결

아두이노 메가와 모터 드라이버는 점퍼선을 이용하여 연결한다. 모터 드라이버의 핀 연결부에서 COM에는 아두이노의 GND 핀을, PWM에는 아두이노의 5V 핀을 연결하도록 한다. 5V0에는 핀을 연결하지 않도록 한다. IN1, IN2에는 아두이노 메가의 2~12번 핀 사이의 핀 중에 2개를 선택하여 연결한다. 각 모터 드라이버의 IN1, IN2에 연결한 핀 번호는 이후에 아두이노의 소프트웨어에 입력한다(10장 참조).

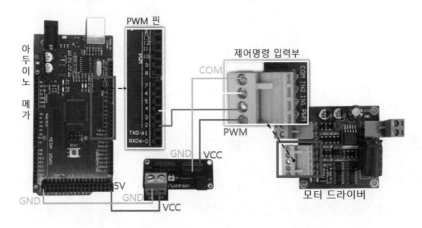

그림 2.3.2. 아두이노 - 모터 드라이버 연결

2.3.4. 아두이노 메가 - 가변저항 연결

아두이노 메가와 가변저항은 점퍼선을 이용하여 연결한다. 가변저항의 VCC 핀에는 아두이노 메가의 5V 핀을, 가변저항의 GND 핀에는 아두이노의 GND

핀을, 가변저항의 OUT 핀에는 아두이노 메가의 A0~A7번 핀 중 하나를 연결하도록 한다. 가변저항은 핸들의 축에 고정되어야 하는데, 이는 2.5절에서 다루도록 한다.

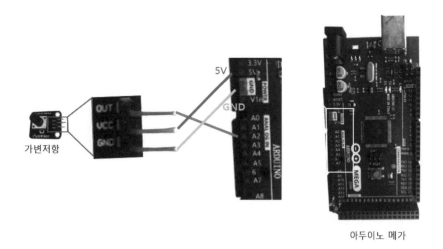

그림 2.3.3. 아두이노 - 가변저항 연결

2.4. 라이다 센서 연결

라이다는 그림 1.2.5에 표시된 부품들과 5핀 케이블을 연결한 뒤, 노트북 PC와 연결한다. 그림 2.4.1을 참고하여 연결하도록 한다.

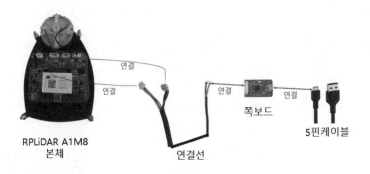

연결

연결

연결

연결

RPLiDAR A1M8
본체

연결선

쪽보드

5핀케이블

그림 2.4.1. 라이다 연결

2.5. 센서 고정

자율주행 차량을 완성하기 위해서는 카메라 센서, 노트북 PC, 가변저항을 차체에 고정해야 한다. 고정하는 방법은 사용자에 따라서 커스터마이징이 가능하다. 해당 플랫폼을 사용하여 경진대회를 했던 실시간 중계 영상들[3][4] 에서 다양한 방식의 센서 고정 방식을 확인 할 수 있으므로, 참고하여 센서 고정을 하면 좋을 것이다.

2.5.1. 라이다 고정

라이다 센서의 고정은 양면 테이프나 글루건을 활용하여 원하는 위치에 부착하면 된다. 독자들이 구현하고자 하는 기능에 따라 라이다의 설치 위치

• • •

3) https://www.youtube.com/watch?v=g6M9_985Jl4
4) https://www.youtube.com/watch?v=−7GV−lfCI8I

는 달라질 수 있다. 그림 2.5.1은 라이다 부착 예시 사례이다.

그림 2.5.1. 라이다 위치 설정

2.5.2. 노트북 PC, 카메라, 아두이노 메가 고정

그림 2.5.2는 경진대회에 참가했던 팀 중 1개 팀의 차량 제작 사례이다. 차량의 뒷편에 그림 2.5.3과 같이 제작한 나무 프레임을 올려서 노트북 PC 를 올릴 수 있는 공간을 확보하였으며, 해당 프레임상에 카메라 및 아두이노 메 가 보드를 붙인 사례이다.

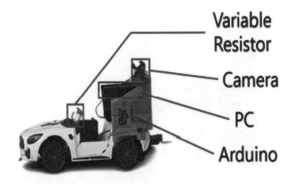

그림 2.5.2. 차량 제작 예시 사례

그림 2.5.3. 나무 프레임

그림 2.5.4. 나무 프레임 차체 뒷부분에 결합 후 카메라 고정

그림 2.5.5의 좌측 상단 이미지는 주행 환경에서 카메라를 켰을 때 카메라의 시야에 보이는 이미지이다. 그림 2.5.5와 같이 차량의 앞 범퍼가 카메라의 시야에 살짝 들어오게 카메라를 고정하도록 한다.

그림 2.5.5. 카메라 시야 설정

그림 2.5.6은 그림 2.5.2에 나타난 차량의 핸들에 가변저항을 고정한 부분을 확대한 사진이다. 차량 핸들의 축과 가변저항의 회전축을 일치시킨 뒤, 이를 고정하기 위해 차량의 구조물에 구멍을 내어 PCB지지대를 세웠다. 세운 PCB지지대의 반대쪽 끝 부분에는 아크릴 판 조각에 구멍을 내어 연결하였다. 아크릴 판 중앙에는 우드락과 글루건을 활용하여 가변저항 몸체를 고정하였다. 그림 2.5.7은 그림 2.5.6의 사례를 도식화한 그림이다.

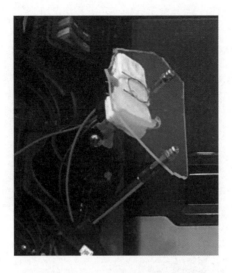

그림 2.5.6. 가변저항 고정 방식 사례

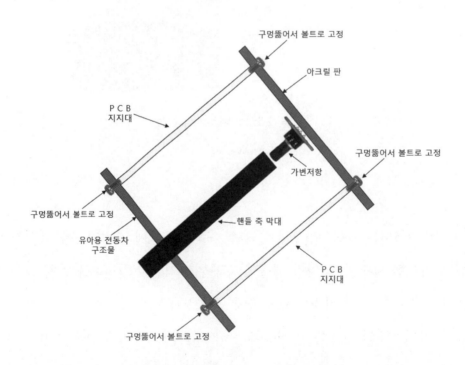

그림 2.5.7. 가변저항 고정 방식 사례 요약도

2부

자율주행 개발환경 구축

3장

Ubuntu 환경 구축

Ubuntu는 전 세계적으로 가장 많이 사용되는 리눅스 기반 운영체제 중 하나로, 데스크톱, 서버, 클라우드 환경까지 폭넓게 활용되고 있다. 영국의 소프트웨어 회사 Canonical 및 관련 커뮤니티에 의해 개발 및 유지보수되며, 사용자 친화적인 인터페이스와 쉬운 설치 과정을 갖추고 있어 리눅스를 처음 접하는 사용자에게도 적합하다. Ubuntu는 오픈소스로, 자율주행 소프트웨어 개발에 적합한 환경을 제공한다. 특히 ROS(Robot Operating System)와의 높은 호환성을 갖추고 있어 자율주행 시스템 구현에 필수적인 도구로 자리 잡고 있으며, C++, Python, OpenCV, 딥러닝 프레임워크 등의 다양한 개발 도구를 쉽게 설치하고 사용할 수 있다. 활발한 커뮤니티 지원을 통해 문제 해결과 업데이트가 용이하며, 많은 산업 현장에서 표준으로 사용되어 연구 및 교육 환경에도 큰 장점을 제공한다.

3장에서는 자율주행 소프트웨어 개발을 위한 Ubuntu 기반의 리눅스 환경을 구축하고 사용하는 법을 소개한다. 실습을 하기 이전에 노트북 PC에 있는 중요한 데이터는 백업 해두는 것을 권장한다.

3.1. Ubuntu 설치

본 절에서는 Windows가 설치되어 있던 노트북 PC에 멀티부팅 방식으로 Ubuntu를 설치하는 방법을 소개한다. 멀티부팅 방식은 하나의 컴퓨터에 2개 이상의 운영체제를 설치한 후, 부팅 시 사용할 운영체제를 선택하는 방식이다. 이를 통해 기존의 Windows 환경을 유지하면서도 새로운 Ubuntu 환경을 추가로 설치할 수 있다.

설치할 Ubuntu의 버전은 22.04 LTS 버전이다. Ubuntu의 버전은 출시 연도와 월을 따라 명명되며, 매년 4월과 10월에 새로운 버전이 출시된다. Ubuntu의 버전 번호는 주요 버전을 식별하는 연도와 월을 포함하고 있으며, 주요 버전에서 마이너한 업데이트가 발생하면 추가적인 숫자가 붙게 된다. 예를 들어, Ubuntu 20.04.6은 2020년 4월에 출시된 버전의 여섯 번째 마이너 업데이트를 의미한다. 특히 짝수년도의 4월에 출시하는 버전은 LTS(Long Term Support) 버전으로, 출시된 시점으로부터 5년간 보안 업데이트와 중요한 패키지 업데이트를 제공한다. 반면, LTS 버전이 아닌 일반 버전의 경우, 출시된 시점으로부터 9개월간 업데이트를 지원한다. 일반 버전은 최신 기능과 기술을 빠르게 경험하고자 하는 사용자에게 적합하지만, 업데이트 지원 기간이 빠르게 종료되기 때문에 장기적으로 안정적인 환경이 필요한 경우에는 LTS 버전을 사용하는 것이 권장된다.

Ubuntu 22.04 LTS 는 2022년 4월에 출시된 LTS 버전으로, 2027년 4월까지 업데이트가 제공된다. 2024년 8월 기준으로는 네 번째 마이너 업데이트까지 진행되어 Ubuntu 22.04.4 LTS 버전을 다운로드 할 수 있다. 따라서 본 교재는 Ubuntu 22.04.4 버전을 기준으로 작성하였으나, 독자들이 본 교재를 보는 시점에 따라서 마이너 업데이트 버전은 다를 수 있다.

3.1.1. Ubuntu 22.04 설치용 ISO 파일 다운로드

그림 3.1.1은 Ubuntu 공식 홈페이지의 22.04 LTS 다운로드 페이지[5]이다. 화면에서 "64-bit PC(AMD64) desktop image"를 클릭하여 iso 파일을 다운로드한다. ISO 파일의 이름은 "ubuntu-22.04.4-desktop-amd64.iso"이며, 해당 파일을 USB에 이식하여 Ubuntu 설치용 USB를 만들 수 있다. 마이너 업데이트가 있을 경우, ISO파일 이름에서 "22.04.4"의 뒤쪽 숫자는 달라질 수 있다.

그림 3.1.1. Ubuntu 22.04 LTS 다운로드 페이지

• • •

5) https://releases.ubuntu.com/jammy/

3.1.2. Ubuntu 설치용 USB 만들기

Ubuntu를 설치하기 위해서는 먼저 Ubuntu 설치용 USB를 만들어야 한다. Ubuntu 설치용 USB를 만들기 위해서는 8GB 이상의 초기화 된 USB와 3.1.1절에서 다운로드한 Ubuntu 22.04 LTS ISO 파일이 필요하다. Ubuntu 설치용 USB를 만들기 위해서 "Rufus"를 활용한다.

그림 3.1.2는 Rufus 공식 홈페이지의 Rufus 다운로드 페이지[6]의 일부 화면이다. Rufus 다운로드 페이지에 접속하여 스크롤을 내리면 그림 3.1.2와 같이 나타난다. 2024년 8월 기준으로는 Rufus의 가장 최신 버전은 4.5 버전이다. 따라서 본 교재는 Rufus 4.5 버전을 기준으로 작성하였으나, 독자들이 본 교재를 보는 시점에 따라서 Rufus 버전은 다를 수 있다. Standard 타입의 exe 파일을 클릭하여 다운로드한다.

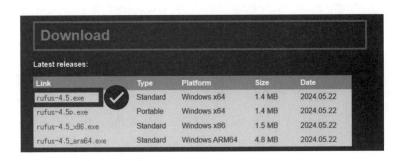

그림 3.1.2. Rufus 다운로드 페이지

• • •

6) https://rufus.ie/en/#google_vignette

그림 3.1.3과 같이 Windows 검색 창에 "rufus"를 검색하면 다운로드 받은 rufus 실행 파일을 클릭하여 실행할 수 있다.

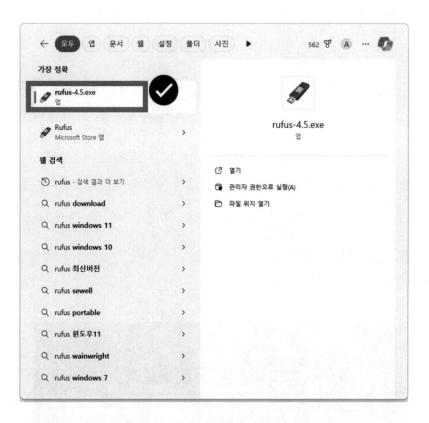

그림 3.1.3. Windows 검색 창을 통한 Rufus 실행

Rufus를 실행하고, Ubuntu 설치용 USB를 노트북 PC에 연결한 뒤, 그림 3.1.4와 같이 해당 USB 장치를 선택한다.

그림 3.1.4. Rufus에서 USB 장치 선택

이후, 그림 3.1.5와 같이 "부팅 선택"에서 "선택" 버튼을 클릭한 뒤, 3.1.1
절에서 다운로드한 Ubuntu 22.04 LTS ISO 파일을 선택한다.

그림 3.1.5. Rufus에서 부팅 선택

ISO 파일을 선택하고 나면 포맷 옵션의 볼륨 레이블이 그림 3.1.6의 좌측 그림과 같이 나타나게 된다. 포맷 옵션이 Ubuntu 22.04 버전으로 잘 나타나는지 확인한 후 시작 버튼을 클릭하면 Ubuntu 설치용 USB 만드는 작업이 시작된다. 그림 3.1.6의 우측 그림과 같이 상태 바가 모두 로딩되면 Ubuntu 설치용 USB 만들기가 완료된 것이다.

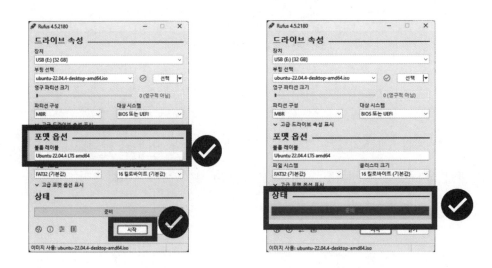

그림 3.1.6. Rufus에서 Ubuntu 설치용 USB 만들기 시작

3.1.3. Windows에서 디스크 파티션 설정

Ubuntu를 Windows와 함께 멀티부팅으로 설치하려면, 먼저 Windows에서 디스크 공간을 확보하고, Ubuntu를 설치할 공간을 만들어야 한다. Windows의 디스크 관리 도구를 이용하여 디스크를 분할하고, Ubuntu를 설치할 공간을 마련할 수 있다.

그림 3.1.7과 같이 Windows 검색 창에 "하드 디스크 파티션 만들기 및 포맷"을 검색하면 디스크 관리 도구를 실행할 수 있다. 검색 시 띄어쓰기에 유

의하도록 한다.

그림 3.1.7. Windows 검색 창을 통한 디스크 관리 도구 실행

이후, 그림 3.1.8과 같이 디스크 관리 도구 창에서 Windows 파티션을 우
클릭한 후 "볼륨 축소"를 선택하면 그림 3.1.9와 같이 축소할 공간을 입력하
여 볼륨을 축소할 수 있다. 원활한 실습을 위해서는 50GB 내외의 용량은 최
소로 필요하므로, 축소할 공간 입력 시 50,000MB 이상의 용량을 입력해야
한다.

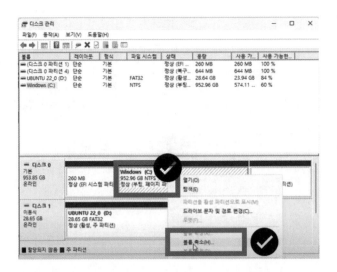

그림 3.1.8. Windows 파티션 마우스 우클릭 후 볼륨 축소 선택

축소 C:	×
축소 전 전체 크기(MB):	975834
사용할 수 있는 축소 공간 크기(MB):	578406
축소할 공간 입력(MB)(E):	400000
축소 후 전체 크기(MB):	575834

ⓘ 이동할 수 없는 파일이 있는 지점을 벗어나 볼륨을 축소할 수 없습니다. 작업을 완료한 후 응용 프로그램 로그의 "defrag" 이벤트를 통해 작업에 대한 자세한 내용을 확인하십시오.

자세한 내용은 디스크 관리 도움말에서 "기본 볼륨 축소"를 참조하십시오.

축소(S)   취소(C)

그림 3.1.9. 축소할 공간 입력 후 축소 선택

축소가 완료되면 그림 3.1.10과 같이 축소한 용량만큼 "할당되지 않음" 파티션으로 표시된다.

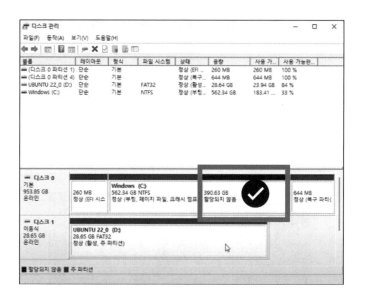

그림 3.1.10. 축소한 공간 확인

3.1.4. Ubuntu 설치용 USB로 부팅

본 절에서는 3.1.2절에서 준비한 Ubuntu 설치용 USB로 시스템을 부팅하여 Ubuntu를 설치할 준비를 완료한다.

우선, 노트북 PC의 전원을 끈 후, 준비된 Ubuntu 설치용 USB를 컴퓨터의 USB 포트에 연결한다. USB를 연결한 뒤, 노트북 PC의 전원을 켠다. 전원을 켜자마자 BIOS 설정에 진입하기 위한 키를 반복해서 눌러야 한다. BIOS 설정에 진입하기 위한 키는 제조사에 따라 다르며, 일반적으로 "DEL(Delete)", "F2", "F10", "F11", "F12", 또는 "ESC" 키 중 하나이다. BIOS 화면은 제조사마다 다르게 나타나지만, 기본적인 설정 탭은 거의 동일한 형태로 나타난다.

BIOS에서 "Boot Options", "Boot", "Boot Order", 혹은 비슷한 이름의 부

팅 관련 설정 탭을 찾아 이동한다. 일부 시스템에서는 "Advanced Settings"와 같은 메뉴에서 부팅 관련 설정 탭을 찾을 수 있다. 그림 3.1.11은 BIOS 화면의 설정 탭 목록의 예시이다. 예시 화면에서는 "Boot Options" 탭이 존재하여, 해당 탭을 선택한 모습이다.

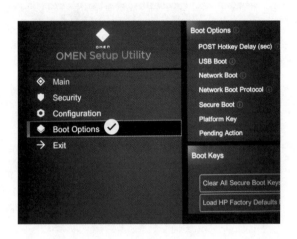

그림 3.1.11. BIOS에서 부팅 관련 설정 탭 선택

부팅 관련 설정 탭을 선택하면 부팅 순서를 설정할 수 있다. 부팅 순서 목록에서 3.1.2절에서 준비한 Ubuntu 설치용 USB를 첫 번째 부팅 장치로 설정한다. 일반적으로 "USB Flash Drive"와 같은 이름으로 Ubuntu 설치용 USB가 표시된다. 그림 3.1.12는 부팅 순서를 설정하는 BIOS 화면의 예시이다. 그림 3.1.12의 좌측 화면은 Ubuntu 설치용 USB를 첫 번째 부팅 장치로 설정하기 이전의 모습, 우측 화면은 설정한 이후의 화면이다. 우측 화면에서는 "USB Flash Drive" 항목이 첫 번째 순서로 설정되었음을 확인할 수 있다.

그림 3.1.12. 부팅 순서 설정 이전(좌), 이후(우)

부팅 순서 설정이 완료되면 해당 설정을 저장한 후 BIOS에서 나온다. 그러면 Ubuntu 설치용 USB에서 부팅이 시작된다. 부팅이 완료됐을 때 그림 3.1.13과 같이 GRUB 메뉴가 나타나면 Ubuntu 설치용 USB를 통한 부팅이 제대로 이루어진 것이다. 만일 다시 Windows로 부팅이 된다면, BIOS 설정에서 부팅 순서가 올바르게 설정되지 않았을 수 있으므로, BIOS 설정을 다시 확인하도록 한다. GRUB 메뉴가 나타나면, "Try or Install Ubuntu"를 선택한다. 선택은 키보드의 방향키와 "Enter" 키를 활용해서 할 수 있다.

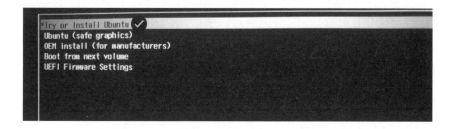

그림 3.1.13. GRUB 메뉴에서 Try or Install Ubuntu 선택

3.1.5. Ubuntu 설치

Ubuntu 설치용 USB를 통해 부팅이 완료되면 그림 3.1.14와 같이 설치 초기 화면이 나타난다. "Install Ubuntu"를 선택한다.

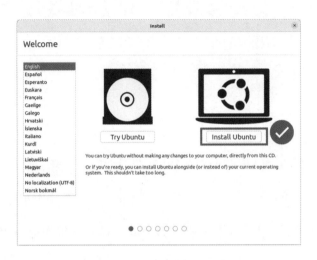

그림 3.1.14. 설치 초기 화면

그림 3.1.15는 Keyboard layout 설정 창이다. Keyboard layout 설정은 사용자가 사용하는 키보드의 언어와 배열을 선택하는 단계이다. 본 절에서는 일반적으로 많이 사용하는 미국식 영어 키보드 배열을 선택하고, 이후 절에서 키보드 배열을 선택하는 방법에 대해서 다루도록 한다. 미국식 영어 키보드 배열 선택을 위해서 "English(US)"를 선택하고 "Continue"를 선택한다.

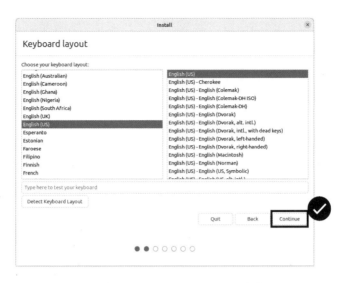

그림 3.1.15. Keyboard layout 설정

그림 3.1.16은 Wireless 설정 창이다. Wireless 설정은 무선네트워크를 선택하는 단계이다. 무선네트워크를 선택하여 연결하면 자동으로 업데이트를 진행할 수 있으며, 필요한 드라이버와 서드파티 소프트웨어가 자동으로 설치될 수 있다.

하지만 네트워크 연결을 통해 자동으로 드라이버와 서드파티 소프트웨어가 설치될 경우, 호환성 문제나 최신 버전이 아닌 소프트웨어가 설치될 가능성이 있다. 또한, 자동으로 설치된 드라이버가 모든 하드웨어와 최적화되어 있지 않을 수 있으며, 이로 인한 성능 저하나 기타 문제들이 발생할 수 있다. 따라서 본 절에서는 네트워크 선택을 하지 않고, 필요한 드라이버와 소프트웨어는 이후 절에서 수동으로 추가 설치하도록 한다. 네트워크 설정을 하지 않는 옵션인 "I don't want to connect to a Wi-Fi network right now."를 선택한다.

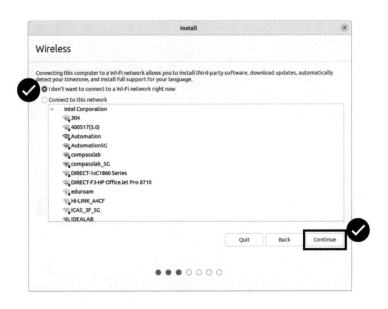

그림 3.1.16. Wireless 설정

그림 3.1.17은 업데이트 및 소프트웨어 옵션 설정 창이다. 업데이트 및 소프트웨어 옵션 설정 단계에서는 "Normal installation"과 "Minimal installation"의 두 가지 주요 설치 옵션이 제공된다. 또한, 이 단계에서는 "Other options" 항목을 통해 추가적인 설정을 조정할 수 있다.

"Normal Installation"은 Ubuntu의 모든 기본 소프트웨어와 기능을 포함하는 옵션이다. 이 옵션을 선택하면 기본적인 웹 브라우저, 이메일 클라이언트, 사무용 프로그램, 미디어 플레이어 등 다양한 유틸리티가 설치된다.

"Minimal Installation"은 기본 운영체제와 필수적인 소프트웨어만 설치하는 옵션이다. 이 옵션을 선택하면 웹 브라우저는 설치되지만, 사무용 프로그램이나 미디어 플레이어 등은 설치되지 않는다.

"Other options"의 "Download updates while installing Ubuntu"는 설치 중

에 최신 업데이트를 자동으로 다운로드하고 적용할지 여부를 선택하는 옵션이다. "Install third-party software for graphics and Wi-Fi hardware and additional media formats"는 설치 중에 그래픽 카드, Wi-Fi 하드웨어, 미디어 코덱 등 다양한 서드파티 드라이버와 소프트웨어가 자동으로 설치된다.

본 절에서는 편의성과 일관된 실습 환경을 제공하기 위해 "Normal Installation"을 선택한다. 이 옵션은 설치 후 Ubuntu의 모든 기본 기능을 사용할 수 있어 실습을 시작하기에 적합할 것이다.

또한, 안정성과 호환성 문제를 최소화하기 위해 "Other options"에 포함된 옵션들은 선택하지 않는다. 설치 중 업데이트가 발생하면, 일부 패키지가 예상과 다르게 설치될 수 있다. 따라서, 필요한 업데이트는 설치 완료 후 수동으로 진행하는 것이 바람직하며, 해당 내용은 이후 절에서 다루도록 한다.

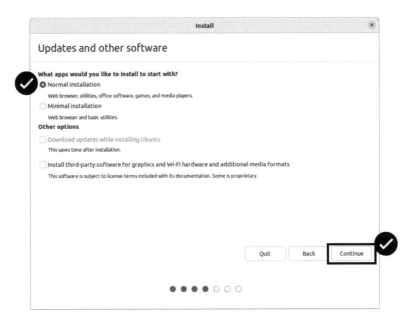

그림 3.1.17. Updates and other software 옵션 설정

그림 3.1.18은 Installation type 설정 창이다. Installation type 설정 단계에서는 비어있는 파티션에 Ubuntu를 설치할 것인지, 아니면 Windows 운영체제를 삭제하고 해당 파티션에 Ubuntu를 설치할 것인지를 선택할 수 있다.

"Install Ubuntu alongside them" 혹은 "Install Ubuntu alongside Windows Boot Manager" 옵션은 Ubuntu를 비어있는 파티션에 설치하는 옵션이다. 기존에 설치되어 있던 Windows 운영체제와 함께 설치되어, 부팅 시 두 운영체제 중 하나를 선택할 수 있게 된다. 이 옵션은 Windows와 Ubuntu를 모두 사용하고자 하는 경우, 즉 멀티부팅 방식으로 Ubuntu를 설치할 때 선택하는 옵션이다.

"Erase disk and install Ubuntu" 옵션은 하드 디스크의 모든 데이터를 삭제하고, Ubuntu를 단독으로 설치하는 옵션이다. 이 옵션을 선택할 경우, 기존의 Windows 운영체제와 데이터는 모두 삭제된다. 따라서 Windows 환경의 데이터를 백업 시켜두지 않았다면 해당 옵션을 선택하지 않도록 주의해야 한다.

"Something else" 옵션은 사용자가 직접 파티션을 설정할 수 있도록 하며, 고급 사용자를 위한 옵션이다.

본 교재에서는 멀티부팅 방식으로 Ubuntu를 설치하는 방법을 소개하므로, 그림 3.1.18과 같이 "Install Ubuntu alongside them" 혹은 "Install Ubuntu alongside Windows Boot Manager" 옵션을 선택한 후 "Install Now" 버튼을 클릭한다. 이후 그림 3.1.19와 같이 파티션 설정을 확인하는 메시지가 표시되면, "Continue"를 선택하여 설치를 진행한다.

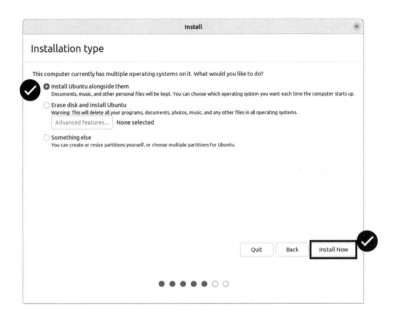

그림 3.1.18. Installation type 설정

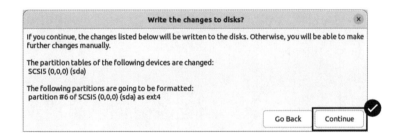

그림 3.1.19. 파티션 설정 확인

Installation type 설정이 완료된 이후에는 그림 3.1.20과 같이 지역 설정 창이 나타난다. 본인이 위치한 지역을 선택한 후 "Continue"를 선택한다.

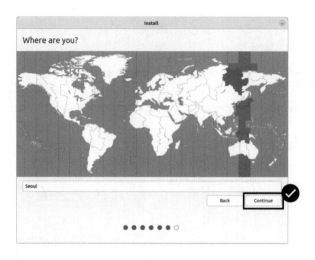

그림 3.1.20. 지역 설정

지역 설정이 완료되면 그림 3.1.21과 같이 사용자 설정 창이 나타난다. Ubuntu 상에서 사용할 계정 이름 및 비밀번호를 설정한다. 사용할 계정 이름은 영문으로 설정하도록 하고, "Continue"를 선택한다. 설정한 비밀번호는 반드시 기억해 두어야 한다.

그림 3.1.21. 사용자 설정

사용자 설정이 완료되면 그림 3.1.22와 같이 설치가 진행된다. 진행도가 설치 진행 창 하단에 표시된다.

그림 3.1.22. 설치 진행 창

설치 진행이 완료되면 그림 3.1.23과 같이 설치 완료 창이 나타나며, "Restart Now"를 클릭한다.

그림 3.1.23. 재부팅 요청 창

노트북 PC가 재부팅되면서 그림 3.1.24와 같은 화면이 나타나면, Ubuntu 설치용 USB를 노트북 PC에서 제거한 뒤, "Enter" 키를 누른다.

그림 3.1.24. Ubuntu 설치용 USB 제거 요청 화면

3.2. Ubuntu 실행

Ubuntu 설치를 완료하고, 재부팅을 하였을 때, 그림 3.2.1과 같이 부팅할 운영체제 선택 화면이 나타났다면, Ubuntu가 성공적으로 설치된 것이다. 해당 화면에서는 키보드의 방향키와 "Enter" 키를 통해서 부팅할 운영체제를 선택할 수 있다. Ubuntu로 부팅할 때는 "Ubuntu" 옵션을, Windows로 부팅할 때는 "Windows Boot Manager" 옵션을 선택하면 된다.

그림 3.2.1. 부팅 운영체제 선택 화면

만일 그림 3.2.1과 같은 화면이 나타나지 않고 Windows로 부팅되었다면,

그림 3.2.2와 같이 BIOS 설정에서 Ubuntu가 우선으로 부팅이 되게끔 설정한다.

그림 3.2.2. Ubuntu를 우선으로 한 부팅 순서 설정

그림 3.2.1의 화면에서 Ubuntu를 선택하면 그림 3.2.3과 같이 Ubuntu 사용자 로그인 화면이 나타난다. 사용자를 선택하고, 그림 3.2.21에서 설정했던 비밀번호를 입력하면 로그온이 완료된다.

그림 3.2.3. Ubuntu 사용자 로그인 화면

로그온이 완료되면 그림 3.2.4와 같이 Ubuntu 22.04의 바탕화면이 나타난다. Ubuntu 22.04의 바탕화면이 나타났다면, Ubuntu 22.04의 설치 및 실행은 완료된 것이다.

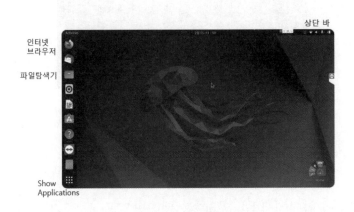

그림 3.2.4. Ubuntu 22.04 바탕화면

3.3. Ubuntu 사용

본 절에서는 Ubuntu를 기본적으로 사용하기 위한 인터페이스와 기본 기능을 소개한다. 컴퓨터와 사용자가 상호작용하는 방식은 크게 GUI(Graphical User Interface)와 CLI(Command Line Interface), 두 가지로 구분된다. GUI는 아이콘, 버튼, 창 등의 그래픽 요소를 사용하는 방식이다. CLI는 사전에 정해진 명령을 키보드로 입력하는 방식이다.

GUI는 시각적이고 직관적인 사용성을 제공해 초보자에게 적합하지만, 시스템 자원을 더 많이 사용하고 복잡한 작업에서는 제약이 있을 수 있다. 반면, CLI는 빠르고 효율적이며 더 세부적인 제어가 가능하지만, 사용자가 사전에 정해진 명령을 익혀야 한다.

3.3.1. GUI(Graphical User Interface)

본 절에서는 그림 3.2.4의 Ubuntu 바탕화면에 나타난 GVI의 기본적인 기능을 소개한다. 그림 3.2.4에 나타난 상단바를 클릭하면 그림 3.3.1과 같은 창이 열린다. 해당 창에서 네트워크 상태, 소리 설정 및 시스템 설정에 접근할 수 있다. 네트워크 연결의 경우, 연결할 Wi-Fi 네트워크를 선택하고, 필요시 비밀번호를 입력하면 된다. 시스템 설정에서는 디스플레이 설정, 전원 설정과 같은 다양한 설정이 가능하다. 사용자 친화적인 인터페이스가 제공되어 별도의 상세한 설명이 없이도 누구나 쉽게 설정할 수 있게 구성되어 있다.

그림 3.3.1. Ubuntu 22.04 상단 바

그림 3.2.4의 좌측에 있는 아이콘들이 있는 곳은 사이드바이다. 사이드바에는 자주 사용하는 어플리케이션을 고정해둘 수 있다. 좌측 하단에 위치한

"Show Applications ⠿"를 클릭하고, 자주 사용하는 어플리케이션을 드래그를 통해 사이드바에 위치시킬 수 있다.

그림 3.2.4의 사이드바의 최상단에 위치한 🦊 아이콘은 Mozilla Firefox 인터넷 브라우저이다. 네트워크 연결이 된 상태에서 인터넷을 활용하면 된다. 사이드바의 세 번째 칸에 위치한 🗄 아이콘은 파일 탐색기이다. Windows의 파일 탐색기와 유사하게 파일을 탐색하고 관리할 수 있다.

3.3.2. CLI(Command Line Interface)

Ubuntu에서는 터미널을 통해 다양한 CLI 명령들을 입력할 수 있도록 인터페이스를 제공한다. "Ctrl + Alt + T" 키를 누르면 그림 3.3.2와 같이 터미널 창이 나타난다. 본 절 이후에는 터미널을 활용하여 개발 환경 구축을 진행할 것이다. CLI에 익숙하지 않은 독자들은 우선 명령들을 교재와 똑같이 따라서 입력하며 개발 환경 구축을 완료하는 것을 목표로 하면 될 것이다. 리눅스에서 주로 활용하는 명령들은 8장에 정리되어 있으니 참고하길 바란다.

그림 3.3.2. 터미널 창

3.4. 한국어 입력 설정

소프트웨어를 개발하거나 인터넷 검색을 하다 보면 한국어 입력이 필요한 상황이 발생하기 마련이다. 하지만 Ubuntu 상에 한국어 입력 설정을 하지 않으면 한국어를 입력할 수 없어 매우 불편하다. 따라서 본 절에서는 한국어 입력 설정을 하는 방법에 대해 알아보도록 한다.

3.4.1. 한국어 언어 설정

그림 3.4.1과 같이 상단 바를 클릭한 후 Settings를 선택한다.

그림 3.4.1. 상단 바 클릭 후 Settings 선택

그림 3.4.2 와 같이 설정 창에서 좌측의 "Region & Language"을 선택한 후, "Manage Installed Languages"를 선택한다.

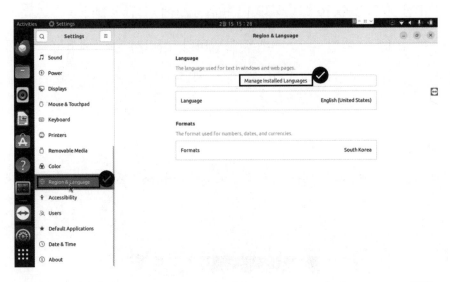

그림 3.4.2. 설정 창 Region & Language 탭의 Manage Installed Languages 선택

그림 3.4.3 와 같이 팝업 창이 나타나면 "Install"를 선택한다.

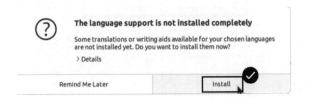

그림 3.4.3. 팝업 창에서 Install 클릭

그림 3.4.3에서 "Install"을 선택하면 그림 3.4.4 와 같이 설치 진행도 창이
나타난다. 설치가 완료될 때까지 기다리면 된다.

그림 3.4.4. Language support 설치 진행 팝업

설치가 완료된 후 그림 3.4.5와 같이 Language Support 창에서 "Install/
Remove Languages"를 선택한다.

그림 3.4.5. Install/Remove Languages 선택

그림 3.4.6과 같이 Korean은 선택하고, English는 해제한 후 Apply를 클릭한다. 그림 3.4.6과 같이 설정한 후, 재부팅을 진행하도록 한다.

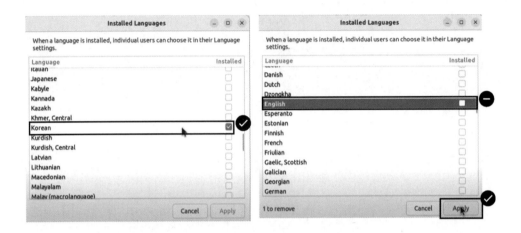

그림 3.4.6. Korean 선택, English 해제 후 Apply

3.4.2. 한국어 키보드 설정

재부팅이 완료되면 설정 창을 열고, 그림 3.4.7과 같이 "키보드"를 선택한 후, 입력 소스 탭의 "+" 버튼을 선택한다.

그림 3.4.7. 설정 창 키보드 탭의 "+" 선택

그림 3.4.8과 같이 입력 소스 추가 창이 나타나면 "한국어"를 선택한 후, "한국어(Hangul)"을 선택한 후 "추가(A)"를 선택한다.

그림 3.4.8. 입력 소스 추가 창에서 한국어 선택

그림 3.4.9 와 같이 입력소스에 "한국어(Hangul)"이 추가되었다면, 좌측의 "⋮⋮" 영역을 클릭한 채로 드래그하여 입력 소스 순서를 "한국어(Hangul)"이 첫 번째가 되도록 설정한다.

그림 3.4.9. 입력 소스 "한국어(Hangul)" 드래그 해서 순서 변경

그림 3.4.10 과 같이 "⋮" 영역을 클릭한 뒤, "기본 설정"을 선택한다.

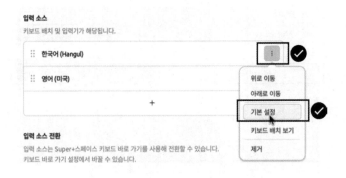

그림 3.4.10. 한글(Hangul) 기본 설정 선택

그림 3.4.11의 한글 설정 창에서는 기본적으로 설정되어 있는 한영 전환

키 목록이 표시된다. 해당 키를 클릭하고 "제거(R)"를 누르면 목록에서 제거된다. 모두 제거 후 "추가(A)"를 누르도록 한다.

그림 3.4.11. 기존 한영 전환 키 제거 후 추가(A) 선택

그림 3.4.12의 한영 전환 키 추가 팝업에서 한영 전환 키로 사용할 키를 누른다. 키보드상의 "한/영" 키를 누르면 그림 3.4.13과 같이 "Alt_R" 또는 "Hangul"이라고 표시되며, 이후 확인 버튼을 누르면 "한/영" 키가 한영 전환키로 작동한다. "한/영" 키 이외에 또다른 키를 한영 전환 키로 등록하고자한다면, 동일한 방법대로 수행하면 된다.

그림 3.4.12. 한영 전환 키 선택 전

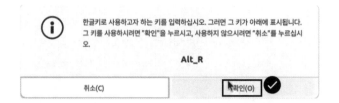

그림 3.4.13. 한영 전환 키 선택 후 확인(O) 클릭

한영 전환 키가 작동하지 않는다면 그림 3.4.14와 같이 상단 바에서 "en" 혹은 "한" 이라고 표시된 부분을 클릭한 뒤 "한국어(Hangul)"을 선택하고, 한영 전환을 마우스를 통해서 할 수 있다.

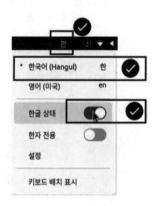

그림 3.4.14. 상단 바 설정에서 한영 전환

4장

Terminator

Terminator는 리눅스에서 사용되는 강력한 터미널 도구로, 여러 터미널 창을 하나의 창에서 분할하여 동시에 사용할 수 있는 기능을 제공한다. Terminator를 설치하면 다중 작업을 쉽게 관리할 수 있어 생산성이 크게 향상된다. 이후 절에서 다양한 CLI 명령들을 동시에 실행하거나 여러 환경을 병렬로 관리해야 할 때 Terminator가 유용하게 사용될 것이다.

4.1. Terminator 설치

Terminator 설치 과정은 아래와 같다.

1) 설치를 위해서 "Ctrl + Alt + T" 키를 눌러 터미널을 연다.

2) 아래 명령들을 입력하여 패키지 목록을 업데이트한다.

```
sudo apt update
```

3) 아래 명령들을 입력하여 Terminator를 설치한다.

```
sudo apt install terminator
```

4.2. Terminator 실행

그림 4.2.1과 같이 좌측 하단의 "Show Applications ▦ " 메뉴를 선택한 후, Terminator 아이콘을 선택하여 Terminator를 실행할 수 있다. 재부팅을 한 이후에는 "Ctrl + Alt + T" 키를 누르면 Terminator가 실행된다.

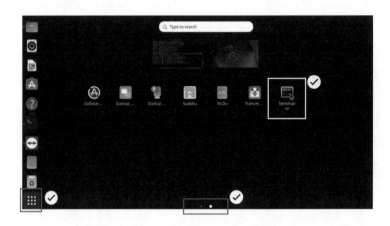

그림 4.2.1. Terminator 실행

그림 4.2.2. Terminator 창

그림 4.2.2와 같이 Terminator 창이 열리면 성공적으로 실행된 것이다.

4.3. Terminator 사용

본 절에서는 기본적인 Terminator의 기능을 소개한다. Terminator에는 다양한 고급 기능 및 옵션이 존재하나, 본 교재에서는 실습을 위해 주로 사용할 기능 몇 가지만을 다룬다. 소개하는 기능 이외의 추가 기능을 익히고자 하는 독자는 Terminator 공식 문서[7]를 참고하길 바란다.

4.3.1. 복사 및 붙여넣기

터미널 상에서 명령을 수행할 때 복사 및 붙여넣기 기능을 통해 작업 효율을 향상 시킬 수 있다. 마우스를 통해 복사할 내용을 드래그한 뒤, "Ctrl + Shift + C" 키를 누르면 드래그로 선택한 내용이 클립보드에 복사된다. 터미널 창 위에서 "Ctrl + Shift + V" 키를 누르면 클립보드에 저장된 내용이 붙여넣기가 된다.

4.3.2. 화면 분할

Terminator를 실행하면, 기본적으로 하나의 터미널 창이 열린다. 그림 4.3.1과 같이 우측 마우스를 클릭하여 나타나는 옵션 중 "Split Vertically"를 선택하면 그림 4.3.2와 같이 화면이 수직으로 분할 된다. "Split Horizontally"를 선

• • •

7) https://terminator-gtk3.readthedocs.io/en/latest/

택하면 화면이 수평으로 분할 된다. 이렇게 분할된 화면을 통해 다양한 명령들을 동시에 수행하거나, 다중 작업을 쉽게 할 수 있다. 수직 분할은 "Ctrl + Shift + E", 수평 분할은 "Ctrl + Shift + O" 단축키를 통해서도 수행할 수 있다.

그림 4.3.1. Terminator 화면 수직 분할

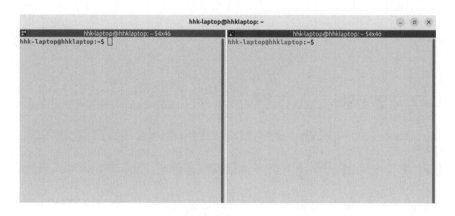

그림 4.3.2. 수직 분할 된 Terminator 화면

4.3.3. 글자 크기 조절

Terminator에서는 간단하게 글자 크기를 조절할 수 있는 기능을 제공한다. 글자 크기 조정이 필요한 부분에 마우스 포인터를 올린 채로 "Ctrl" 키를 누르고, 마우스 휠을 움직이면 글자 크기 조절이 된다.

5장

Visual Studio Code

리눅스 환경에서 효율적으로 개발 작업을 수행하기 위해서는 적절한 통합 개발 환경(IDE, Integrated Development Environment)을 사용하는 것이 중요하다. Visual Studio Code는 마이크로소프트에서 제공하는 IDE로, 다양한 언어 지원과 확장 기능을 통해 개발자들에게 매우 인기가 높다. 리눅스 환경에서도 강력한 편집 기능과 디버깅 도구를 제공하여 코드 작성과 관리가 용이하다. 5장에서는 Visual Studio Code 설치 방법 및 기본 사용법을 알아본다.

5.1. Visual Studio Code 설치

Visual Studio Code를 설치하기 위해서는 Visual Studio Code 공식 사이트[8]에 접속하여 deb 파일을 다운로드 받아야 한다. deb 파일은 Ubuntu와 같은 Debian 기반의 리눅스 배포판에서 사용하는 패키지 파일 형식이다. deb 파일은 소프트웨어, 라이브러리 및 기타 필요한 파일을 포함하고 있으며, 시스

• • •

8) https://code.visualstudio.com/

템에 쉽게 설치할 수 있도록 설계된 파일이다.

Visual Studio Code 공식 사이트에 접속하면 그림 5.1.1과 같은 화면이 나타난다. 그림 5.1.1에 표시된 부분의 deb 파일 다운로드 버튼을 누르면 다운로드가 시작되며, 인터넷 창 우측 상단에 다운로드 진행 상황이 표시된다.

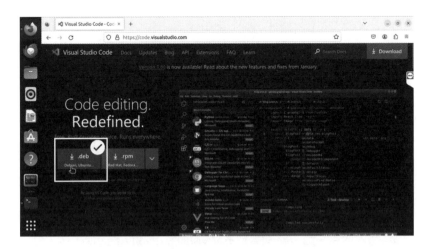

그림 5.1.1. Visual Studio Code 공식 사이트

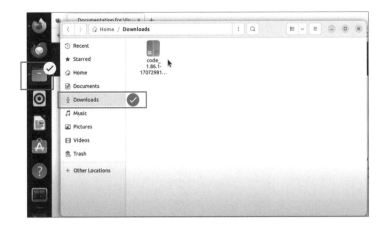

그림 5.1.2. Downloads 디렉터리 내 deb 파일 확인

deb 파일 다운로드가 완료되면 그림 5.1.2와 같이 파일 탐색기를 실행하여 Downloads 디렉터리 내에 다운로드 된 deb 파일을 확인할 수 있다.

그림 5.1.3과 같이 Terminator 상에서도 Downloads 디렉터리로 이동 후 ls 명령을 통해 deb 파일을 확인할 수 있다. 그림 5.1.3과 같이 Terminator 상에서 deb 파일을 확인한 후, 아래와 같은 명령을 통해 Visual Studio Code 설치를 진행하도록 한다.

```
sudo apt install "deb 파일명"
```

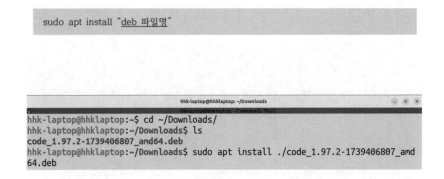

그림 5.1.3. deb 파일을 통한 Visual Studio Code 설치

5.2. Visual Studio Code 실행

좌측 하단의 "Show Applications ▦" 메뉴를 클릭한 후 그림 5.2.1과 같이 "Visual Studio Code" 아이콘을 클릭하여 Visual Studio Code를 실행할 수 있다.

그림 5.2.1. Visual Studio Code 실행

아래와 같은 명령을 Terminator 상에 입력하는 방법으로도 Visual Studio Code 실행이 가능하다.

```
code "프로젝트로 열 파일이나 폴더명"
```

5.3. Visual Studio Code 사용

Visual Studio Code에서 제공하는 기능은 매우 많고 활용도가 높다. 본 교재에서는 실습을 하는데에 있어서 필수적인 사용법만을 다루도록 하고, 그이외의 기능들은 Visual Studio Code 공식 문서[9]를 참고하여 익히길 바란다.

• • •

9) https://code.visualstudio.com/docs

5.3.1. 기본 파이썬 프로그래밍 작성

본 절에서는 Visual Studio Code의 기본적인 사용법에 대해 다루기 위해 Visual Studio Code 상에서 간단한 파이썬 프로그램을 작성하고 실행해보는 실습을 진행한다.

Terminator를 실행하고, 아래의 명령을 통해 "Desktop" 디렉터리로 이동한다.

```
cd ~/Desktop
```

아래 명령을 통해 "Desktop" 디렉터리 내부에 어떤 파일 및 디렉터리가 있는지 확인한다.

```
ls
```

아래 명령을 통해 "Desktop" 디렉터리 내부에 "new_folder"라는 이름의 디렉터리를 생성한다.

```
mkdir ~/Desktop/new_folder
```

아래 명령을 통해 "Desktop" 디렉터리 내부에 어떤 파일 및 디렉터리가 있는지 확인한다. "new_folder"라는 이름의 디렉터리가 생성되었는지 확인한다.

```
ls
```

아래 명령을 통해 새로 생성한 디렉터리 내부로 이동한다.

```
cd new_folder
```

아래 명령을 통해 Visual Studio Code를 실행한다. code 명령 뒤에 "."을 입력한다는 것은, 프로젝트로 열 파일이나 디렉터리명이 "."이라는 의미이다. "."은 현재 디렉터리를 의미한다. 따라서 아래 명령은 "new_folder"라는 디렉터리를 프로젝트로 열겠다는 의미의 명령이 된다.

```
code .
```

그림 5.3.1은 "new_folder"를 생성한 뒤 해당 디렉터리를 프로젝트로 하여 Visual Studio Code를 실행시킨 화면이다. 중앙에 팝업 창이 뜨면 "Yes, I trust the authors"를 클릭하도록 한다. 화면 좌측에는 프로젝트 내에 있는 디렉터리 및 파일이 표시된다. 그림 5.3.1에서 "new_folder"는 비어있는 디렉터리이므로, 아무것도 표시가 되지 않는다.

그림 5.3.1. Visual Studio Code 실행 초기 화면

그림 5.3.2는 좌측 사이드바에서 프로젝트 명을 클릭 및 마우스 포인터를 올렸을 때 나타나는 기능 중 "New File"을 실행하는 모습이다.

그림 5.3.2. 좌측 사이드 바에서 New File 클릭

"New File"을 클릭하면 새롭게 생성할 파일명을 입력할 수 있게 된다. 그림 5.3.3과 같이 "test.py"라는 이름의 새로운 파이썬 파일을 생성하도록 한다.

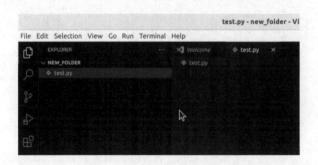

그림 5.3.3. 새로운 파이썬 파일 생성

새롭게 생성된 test.py의 코드를 선택하면 해당 파일을 자유롭게 수정할 수 있다. 그림 5.3.4와 같이 test.py 파일에 파이썬 코드를 입력하도록 한다. 파이썬 코드를 저장하지 않으면 그림 5.3.4의 좌측 그림과 같이 상단 탭에 흰색 동그라미 표시가 나타난다. "Ctrl + S"를 누르면 파이썬 파일이 저장 된다. 저장을 하고 나면 그림 5.3.4의 우측 그림와 같이 상단 탭의 흰색 동그라미 표시가 사라진다. 이와 같이 프로젝트를 진행할 때 상단 탭의 표시를 통해 저장 여부를 확인하길 바란다.

그림 5.3.4. 코드 입력 후 저장하지 않은 상태(좌), 저장 완료한 상태(우)

그림 5.3.5는 Visual Studio Code에서 작성한 코드를 실행한 결과 화면이다. Terminator 상에서 ls 명령을 통해 파이썬 파일이 존재함을 확인한 뒤, 아래 명령으로 파이썬 파일을 실행한 결과, 정상적으로 print("Hello World!!!!") 코드가 실행됨을 확인할 수 있다.

```
python3 "실행할 파이썬 파일명"
```

```
hhk-laptop@hhklaptop:~/Desktop/new_folder$ ls
test.py
hhk-laptop@hhklaptop:~/Desktop/new_folder$ python3 ./test.py
Hello World!!!
```

그림 5.3.5. Visual Studio Code 상에서 작성한 파이썬 코드 실행

5.3.2. 코드 폴딩

코드 폴딩은 Visual Studio Code에서 특정 코드 블록(예: 함수, 클래스, 주석 등)을 숨기거나 확장할 수 있는 기능이다. 이를 통해 코드의 구조를 더 쉽게 파악하고, 긴 코드에서 불필요한 부분을 일시적으로 숨겨 작업을 더 효율적으로 수행할 수 있다.

5.3.1절을 참고하여 새로운 파이썬 파일을 생성 후, 그림 5.3.6과 같이 코드가 작성하도록 한다. 코드는 very_long_func 라는 긴 함수와 main 함수로 구성되어 있다. 코드 좌측에 있는 ▼ 버튼을 클릭하면 해당 버튼이 시작되는 블록을 접을 수 있다.

그림 5.3.7은 그림 5.3.6의 3번째 줄에 있는 if문 블록에 대해 코드 폴딩을 실행한 결과이다. if문 블록에 해당하는 3번째 줄부터 10번째 줄까지가 숨김 처리 되었음을 확인할 수 있다. 다시 ▶ 버튼을 클릭하면 숨겨진 코드 블록이 표시된다. if문 뿐만 아니라, for문이나 함수 전체를 숨길 수 있으므로, 작업중 필요하지 않은 부분을 자유롭게 숨김 처리할 수 있다.

이처럼 코드 폴딩 기능을 활용하여 긴 함수나 반복문을 접어서 숨기면, 코드의 전반적인 구조를 쉽게 파악할 수 있으며, 작업 중 필요하지 않을 부분을 숨겨 작업의 효율을 높일 수 있다.

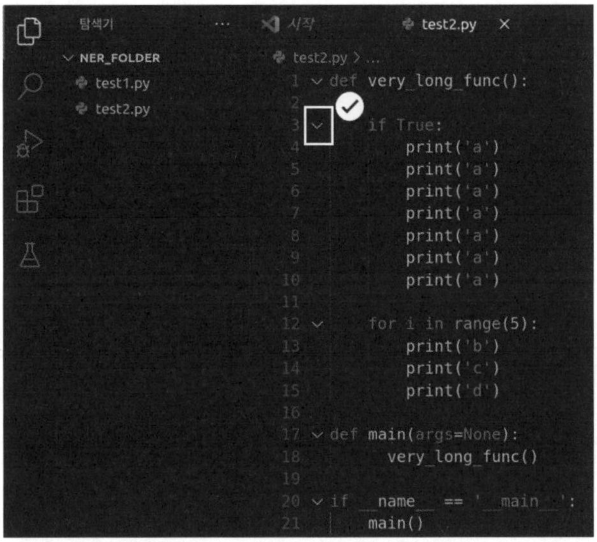

그림 5.3.6. 코드 폴딩 실행 전

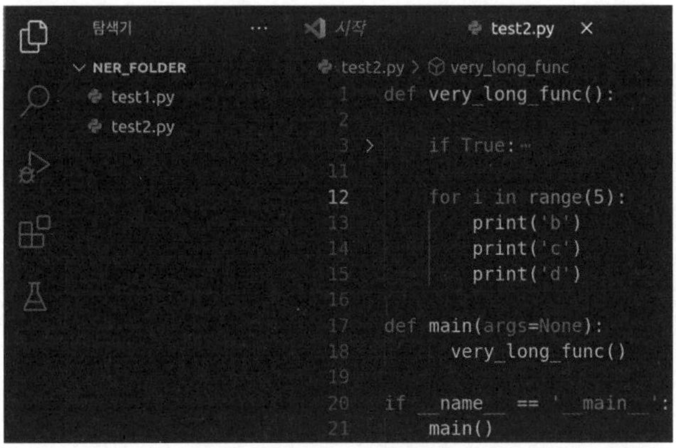

그림 5.3.7. 코드 폴딩 실행 후

6장

아두이노 IDE

아두이노 IDE는 아두이노 보드를 프로그래밍할 수 있는 IDE이다. 아두이노 IDE를 통해 C/C++ 기반의 코드 작성과 아두이노 보드로의 업로드를 간편하게 할 수 있다. 아두이노 IDE는 사용자 친화적인 인터페이스를 제공하여, 아두이노 보드를 쉽게 프로그래밍할 수 있도록 설계되었다. 아두이노 IDE를 사용하면 자율주행 실습에서 센서 데이터 처리, 모터 제어, 시리얼 통신 등의 작업을 효과적으로 구현할 수 있다.

6.1. 아두이노 IDE 설치

아두이노 IDE를 설치하기 위해서는 아두이노 공식 사이트[10]에 접속하여 설치파일을 다운로드 받아야 한다. 그림 6.1.1은 아두이노 공식 사이트에 바로 보여지는 아두이노 IDE 2.3.4버전의 설치파일을 다운로드 할 수 있는 화면이다. 독자들이 본 교재를 접하는 시점에 따라 아두이노 IDE 버전은 달라

• • •

10) https://www.arduino.cc/en/software

질 수 있으나, 기본적인 동작 방식은 버전별로 크게 다르지 않으므로, 이후 실습을 진행하는 것에 무리는 없을 것이다. 그림 6.1.1과 같이 "Linux ZIP file 64bits(X86-64)"를 선택하도록 한다.

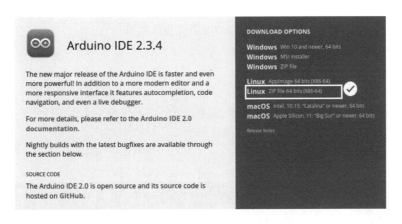

그림 6.1.1. 아두이노 IDE 설치파일 다운로드

이후, 기부 여부 및 소식 구독 여부를 선택하는 창이 나온다. 자유롭게 선택하고 다음 절차로 넘어가게 되면 자동적으로 다운로드가 시작되며 인터넷 창 우측 상단에 다운로드 진행 상황이 표시된다.

다운로드가 완료되면 그림 6.1.2와 같이 Terminator에서 Downloads 디렉터리를 확인하였을 때 zip 파일이 불러와졌음을 확인할 수 있다. 해당 zip 파일을 아래 명령을 통해 압축 해제한다.

```
unzip "arduion-ide zip 파일명" -d "압축해제할 디렉터리 이름"
```

그림 6.1.2의 가장 아랫줄에 작성한 명령을 참고하면, 가장 뒷 항에 "arduino" 라고 작성하였으니, 압축해제 된 파일이 arduino 디렉터리에 위치하게

될 것이다.

```
hhk-laptop@hhklaptop: ~/Downloads
hhk-laptop@hhklaptop:~$ cd ~/Downloads/
hhk-laptop@hhklaptop:~/Downloads$ ls
arduino-ide_2.3.4_Linux_64bit.zip  code_1.97.2-1739406807_amd64.deb
hhk-laptop@hhklaptop:~/Downloads$ unzip arduino-ide_2.3.4_Linux_64bit.zip -d arduino
```

그림 6.1.2. zip 파일 압축 해제

그림 6.1.3과 같이 압축 해제한 디렉터리 내에 파일들을 확인할 수 있다.

```
hhk-laptop@hhklaptop: ~/Downloads/arduino
  inflating: arduino/resources/app/src-gen/frontend/preload.js
  inflating: arduino/resources/app/src-gen/frontend/secondary-index.js
  inflating: arduino/resources/app/src-gen/frontend/secondary-window.html
  inflating: arduino/snapshot_blob.bin
  inflating: arduino/v8_context_snapshot.bin
  inflating: arduino/vk_swiftshader_icd.json
hhk-laptop@hhklaptop:~/Downloads$ ls
arduino  arduino-ide_2.3.4_Linux_64bit.zip  code_1.97.2-1739406807_amd64.deb
hhk-laptop@hhklaptop:~/Downloads$ cd arduino/
hhk-laptop@hhklaptop:~/Downloads/arduino$ ls
arduino-ide              libffmpeg.so             resources
chrome_100_percent.pak   libGLESv2.so             resources.pak
chrome_200_percent.pak   libvk_swiftshader.so     snapshot_blob.bin
chrome_crashpad_handler  libvulkan.so.1           v8_context_snapshot.bin
chrome-sandbox           LICENSE.electron.txt     vk_swiftshader_icd.json
icudtl.dat               LICENSES.chromium.html
libEGL.so                locales
hhk-laptop@hhklaptop:~/Downloads/arduino$
```

그림 6.1.3. 압축 해제 결과 확인

6.2. 아두이노 IDE 실행

그림 6.2.1과 같이 파일 탐색기를 통해 압축을 해제한 경로에 GUI로 들어가서 “arduino-ide”를 더블클릭하면 아두이노 IDE가 실행된다. 그림 6.2.2와 같이 아두이노 IDE의 초기 화면이 나타났다면, 정상적으로 설치가 된 것이다.

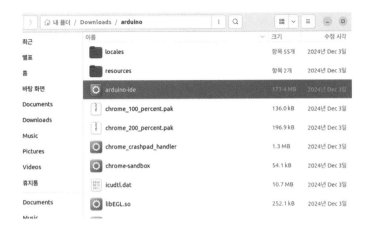

그림 6.2.1. arduino-ide 실행

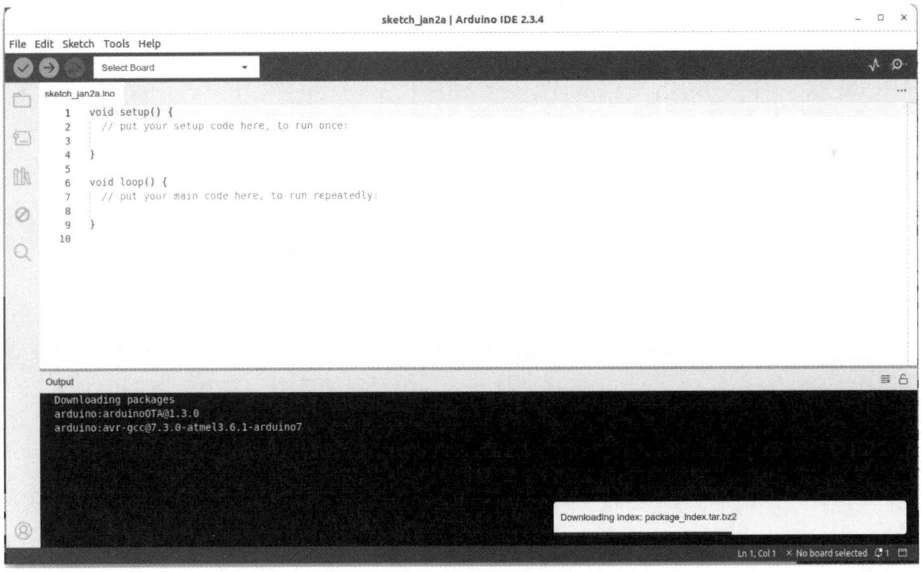

그림 6.2.2. 아두이노 IDE 화면

6.3. 아두이노 IDE 사용

아두이노 IDE 사용법은 10장을 참조하길 바란다.

7장
ROS 2

로봇 운영체제(ROS, Robot Operating System)는 로봇 소프트웨어 개발을 위한 오픈 소스 프레임워크로, 로봇 애플리케이션의 설계, 개발, 시뮬레이션, 배포에 필요한 다양한 도구와 라이브러리를 제공한다.

ROS 2는 기존 ROS 1의 한계를 극복하고 더 많은 기능과 안정성을 제공하기 위해 개발된 차세대 로봇 운영체제이다. ROS 2는 특히 실시간 처리, 멀티로봇 시스템, 분산 컴퓨팅 등에서의 성능을 개선하기 위해 설계되었으며, 다양한 로봇 플랫폼에서의 적용이 가능하다. 또한, ROS 2는 더 나은 보안 기능과 최신 통신 프로토콜을 지원하여 산업용 로봇부터 서비스 로봇까지 폭넓은 응용 분야에서 활용되고 있다.

ROS 2는 매년 새로운 버전이 알파벳 순서에 따라 출시되며, 각 버전은 고유의 코드네임을 가진다. 예를 들어, ROS 2 Humble은 알파벳 'H'에 해당하는 LTS(Long-Term Support) 버전이다. ROS 2 Humble은 2022년에 출시되었으며, 2027년까지 장기적인 지원과 업데이트를 받을 수 있어 안정적인 개발 환경을 제공한다. 이에따라 본 교재에서는 ROS 2 Humble 버전을 기준으로 실습을 진행할 것이다.

7.1. ROS 2 Humble 설치

ROS 2를 설치하는 과정은 공식 문서를 참고하는 것이 바람직하다. 공식 문서에는 최신 설치 방법, 다양한 문제 해결 방법 등이 잘 정리되어 있다. 따라서 본 교재에서도 ROS 2 공식 문서를 활용하여 ROS 2 Humble을 설치하는 방법을 설명한다. 공식 문서의 ROS 2 설치 방법 페이지에는 ROS 2를 설치하기 위한 CLI 명령들이 나열되어 있다. 본 절에서는 공식 문서상에 나타난 설치 명령어들에 대해 간략하게 설명하지만, 해당 내용을 자세히 알지 않아도 명령들을 복사 및 붙여넣기하여 Terminator 상에서 순차적으로 잘 실행하면 ROS 2를 설치하는 데에는 문제가 없다. 따라서 명령들에 대한 설명이 너무 어렵다면 명령들을 순차적으로 잘 실행하는 것을 목표로 하고, 그에 대한 설명은 나중에 읽어봐도 무방하다. 본 절은 공식 문서 내용을 기반으로 한 설치 설명이며, 공식 문서가 시간이 지남에 따라 교재 내용과 다르게 변경될 수 있다. 공식 문서와 교재 내용이 다르다면 공식 문서를 우선으로 따르고, 본 교재의 내용은 참고용으로 활용하도록 한다.

7.1.1. ROS 2 공식 문서 홈페이지 접속

공식 문서 홈페이지[11]에 접속하면 그림 7.1.1과 같은 메인 화면이 나타난다.

• • •

11) https://docs.ros.org/en/humble/

그림 7.1.1. ROS 2 Humble 공식 문서 - 메인 화면

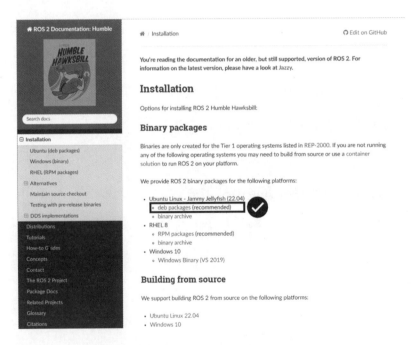

그림 7.1.2. ROS 2 Humble 공식 문서 - Installation 화면

메인 화면의 좌측 탭에서 "Installation"을 선택하면 그림 7.1.2와 같은 화면이 나타난다. 본 교재에서는 Ubuntu 22.04 환경에서 실습을 진행하므로, "Ubuntu Linux – Jammy Jellyfish(22.04)" 옵션의 "deb packages(recommended)"를 선택하도록 한다.

"deb packages(recommended)"를 선택하면 그림 7.1.3과 같이 Ubuntu 환경에 ROS 2를 deb packages 활용하여 설치할 수 있는 페이지로 이동한다. 그림 7.1.3에 나타난 설치 페이지에서 마우스 스크롤을 내리면서 나타나는 명령어를 순차적으로 실행하도록 한다.

그림 7.1.3. ROS 2 Humble 공식 문서 – Ubuntu(deb packages) Installation 화면

7.1.2. locale 설정

그림 7.1.4는 그림 7.1.3에 나타난 페이지에서 스크롤을 내렸을 때 처음으로 나타나는 명령 및 설명이다. locale은 운영체제에서 사용되는 언어, 국가, 문자 인코딩 설정을 의미한다. ROS 2의 많은 패키지들은 "UTF-8" 문자 인코딩을 요구하기 때문에, "UTF-8"로 설정한다. 명령 위에 마우스 포인터를 놓으면 복사하기 버튼이 활성화된다. 복사하기 버튼을 클릭한 뒤 그림 7.1.5와 같이 Terminator에 "Ctrl + Shift + V" 키를 눌러 붙여 넣은 후 "Enter" 키를 눌러 명령을 실행한다. 명령 실행 중 비밀번호를 요구하면 비밀번호를 입력하고 "Enter" 키를 누르도록 한다.

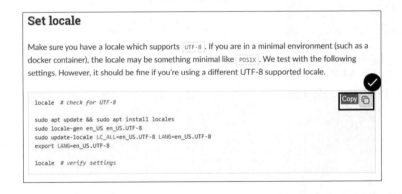

그림 7.1.4. locale 설정

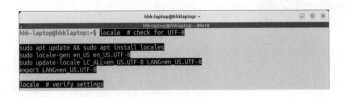

그림 7.1.5. 터미널 창에 붙여넣기("Ctrl + Shift + V") 후 "Enter"

7.1.3. Universe 저장소 활성화

ROS 2 패키지를 설치하기 위해서는 Ubuntu의 Universe 저장소가 활성화되어 있어야 한다. Universe 저장소는 ROS 2 설치에 필요한 몇 가지 패키지들이 포함된 저장소이다. 그림 7.1.6은 Ubuntu의 Universe 저장소를 활성화하는 명령 및 설명이다. 해당 명령을 복사하여 Terminator에서 실행하도록 한다.

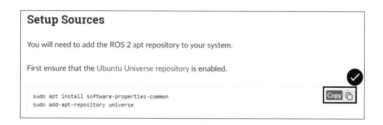

그림 7.1.6. Universe 저장소 활성화

7.1.4. GPG 키를 시스템에 추가

ROS 2를 설치하기 위해서는 ROS 2 패키지의 출처를 확인하기 위해 GPG 키를 시스템에 추가해야 한다. GPG 키는 ROS 2 패키지가 신뢰할 수 있는 출처에서 제공되었음을 검증하는 데 사용된다. 이는 apt 패키지 관리 시스템이 ROS 2 패키지를 안전하게 설치할 수 있도록 한다. 그림 7.1.7은 ROS 2 패키지의 GPG 키를 apt 패키지 시스템에 추가하여, apt가 ROS 2 패키지의 출처를 확인할 수 있도록 하는 명령어이다. 따라서 해당 명령을 실행하면 apt는 ROS 2 패키지를 신뢰할 수 있는 소스로 인식하여 설치를 진행할 수 있게 된다. 해당 명령을 복사하여 Terminator에서 실행하도록 한다.

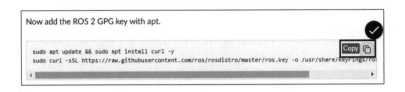

Now add the ROS 2 GPG key with apt.

```
sudo apt update && sudo apt install curl -y
sudo curl -sSL https://raw.githubusercontent.com/ros/rosdistro/master/ros.key -o /usr/share/keyrings/ro
```

그림 7.1.7. ROS 2 패키지의 GPG 키를 시스템에 추가

다음은 apt 패키지 관리 시스템에 ROS2 패키지 저장소를 추가하는 단계이다. 이 저장소를 추가함으로써, apt는 ROS 2와 관련된 모든 패키지를 인식하고, 설치 및 업데이트를 수행할 수 있게 된다. 그림 7.1.8에 나타난 명령을 복사하여 Terminator에서 실행하도록 한다.

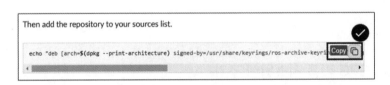

Then add the repository to your sources list.

```
echo "deb [arch=$(dpkg --print-architecture) signed-by=/usr/share/keyrings/ros-archive-keyri
```

그림 7.1.8. apt 패키지 관리 시스템에 ROS 2 패키지 저장소 추가

7.1.5. 시스템 패키지 업데이트 및 업그레이드

다음은 시스템의 패키지 목록을 업데이트하는 과정이다. 그림 7.1.9에 나타난 명령을 복사하여 Terminator에서 실행하도록 한다.

그림 7.1.9. 시스템 패키지 목록 업데이트

다음은 시스템에 설치된 모든 패키지를 최신버전으로 업그레이드하는 과정이다. ROS 2 패키지를 설치하기 전에 패키지 간 호환성을 유지하고 시스템 안정성을 보장하기 위한 중요한 단계이다. 그림 7.1.10에 나타난 명령을 복사하여 Terminator에서 실행하도록 한다.

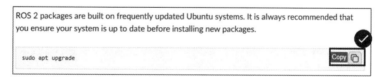

그림 7.1.10. 시스템 내의 모든 패키지 업그레이드

7.1.6. ROS 2 Humble 데스크톱 버전 설치 명령 실행

다음은 ROS 2 Humble의 데스크톱 버전을 설치하는 명령이다. 해당 데스크톱 버전은 일반적으로 가장 많이 사용되는 기능과 도구들이 포함되어 있어 편리하며, 일관된 실습 환경을 구축하기 용이하다. 그림 7.1.11에 나타난 명령을 복사하여 Terminator에서 실행하도록 한다.

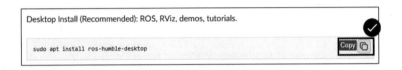

그림 7.1.11. ROS 2 Humble 데스크톱 버전 설치

7.1.7. ROS 2 Humble Base 버전 설치 명령 실행(생략)

다음은 ROS 2 Humble의 Base 버전을 설치하는 명령이다. 이 버전은 ROS 2의 핵심 기능만을 포함한 최소 설치이다. 위에서 데스크톱 설치가 정상적으로 되었다면 이 단계는 생략하면 된다.

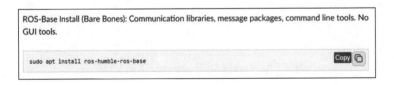

그림 7.1.12. ROS 2 Humble Base 버전 설치(데스크톱 버전 설치 됐을 시 생략)

7.1.8. ROS 2 개발도구 설치

다음은 ROS 2 개발도구를 설치하는 단계이다. 이 단계에서는 ROS 2 패키지를 빌드하고 개발하는 데 필요한 컴파일러와 기타 유틸리티를 포함한다. 그림 7.1.13에 나타난 명령을 복사하여 Terminator에서 실행하도록 한다. 그림 7.1.13에 나타난 명령까지 실행이 완료되었다면, ROS 2 설치 과정은 모두 마친 것이다.

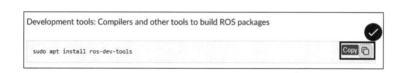

그림 7.1.13. ROS 2 개발도구 설치

7.2. ROS 2 Humble 실행

본 절에서는 ROS 2 기본 기능을 실행한다. 본 절에서는 기본 기능을 실행함으로써 ROS 2가 정상적으로 설치되었는지 확인하는 것을 주요 목표로 하고, 구체적인 사용법은 11장에서 다룬다.

7.2.1. setup.bash 소싱

ROS 2를 실행하기 위해서는 ROS 2 실행 파일 및 라이브러리, 패키지에 대한 경로를 설정해야 한다. 그림 7.2.1에 나타난 명령을 실행하면 경로가 설정되어 터미널에서 ROS 2 명령을 인식할 수 있게 된다. 해당 명령을 실행하지 않으면 ROS 2 명령을 터미널에서 인식할 수 없다. 해당 명령은 Terminator 상에서 화면을 분할하거나 새로운 창을 생성할 때마다 실행해야 한다.

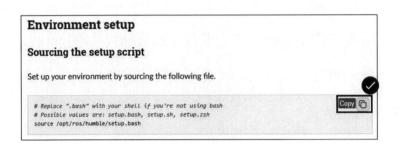

그림 7.2.1. ROS 2 경로 설정

다음은 ROS 2가 설치가 올바르게 되었는지 실행을 통해 검증하는 단계이다. Terminator에서 화면을 분할한 뒤, 그림 7.2.2, 그림 7.2.3에 나타난 명령을 각 분할 화면에서 실행하도록 한다. 그림 7.2.4와 같은 메시지가 출력되면 ROS 2가 정상적으로 실행된 것이다.

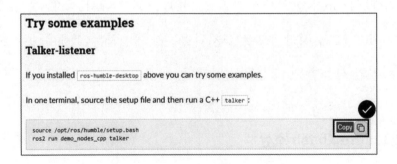

그림 7.2.2. talker node 실행 명령

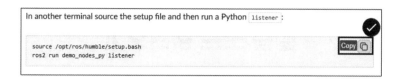

In another terminal source the setup file and then run a Python `listener` :

```
source /opt/ros/humble/setup.bash
ros2 run demo_nodes_py listener
```

그림 7.2.3. listener node 실행 명령

```
hhk-laptop@hhklaptop: ~
                          hhk-laptop@hhklaptop: ~ - 89x8
[INFO] [1740451781.702133522] [talker]: Publishing: 'Hello World: 15'
[INFO] [1740451782.702128368] [talker]: Publishing: 'Hello World: 16'
[INFO] [1740451783.701833546] [talker]: Publishing: 'Hello World: 17'
[INFO] [1740451784.702020417] [talker]: Publishing: 'Hello World: 18'
[INFO] [1740451785.702057021] [talker]: Publishing: 'Hello World: 19'
[INFO] [1740451786.701740356] [talker]: Publishing: 'Hello World: 20'
[INFO] [1740451787.701788761] [talker]: Publishing: 'Hello World: 21'

                          hhk-laptop@hhklaptop: ~ 89x9
[INFO] [1740451780.703006854] [listener]: I heard: [Hello World: 14]
[INFO] [1740451781.703062733] [listener]: I heard: [Hello World: 15]
[INFO] [1740451782.702991993] [listener]: I heard: [Hello World: 16]
[INFO] [1740451783.703160622] [listener]: I heard: [Hello World: 17]
[INFO] [1740451784.703008307] [listener]: I heard: [Hello World: 18]
[INFO] [1740451785.703163533] [listener]: I heard: [Hello World: 19]
[INFO] [1740451786.702750466] [listener]: I heard: [Hello World: 20]
[INFO] [1740451787.702862632] [listener]: I heard: [Hello World: 21]
```

그림 7.2.4. talker & listener node 실행 명령

7.3. ROS 2 사용

ROS 2의 사용법은 11장을 참조하길 바란다.

8장
실습 코드 불러오기

8장에서는 실습 코드를 GitHub[12] 상에서 불러오고, 실습 코드를 실행하기 위한 구성요소들을 설치하는 것을 설명한다.

8.1. 실습 코드 사이트 접속

본 교재에서 사용하는 실습 코드는 GitHub 리포지토리[13]를 통해서 제공한다. 리포지토리 주소로 접속하면 그림 8.1.1과 같은 메인화면이 나타난다. 그림 8.1.1에 표시된 바와 같이 "Code" 버튼을 누르면 그림 8.1.2와 같은 메뉴가 나타나며, 표시된 부분을 클릭하여 리포지토리 주소를 복사할 수 있다.

· · ·

12) https://github.com
13) https://github.com/SKKUAutoLab/ros2_autonomous_vehicle_book.git

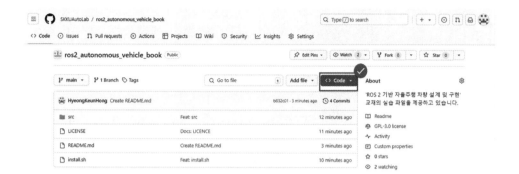

그림 8.1.1. 실습 코드 GitHub 리포지토리 메인화면

그림 8.1.2. 리포지토리 주소 복사

8.2. 실습 코드 불러오기

Terminator 상에 아래와 같은 2개의 명령을 순차적으로 입력하도록 한다.

```
cd ~
```

```
git clone "복사된 리포지토리 주소" ros2_ws
```

"cd ~"은 홈 디렉터리로 이동하는 명령이다. "git clone"은 GitHub에 있는 코드를 불러오는 명령이다. 복사된 리포지토리 주소는 "Ctrl + Shift + V"를 통해서 붙여넣기 할 수 있다. 뒤쪽에 있는 "ros2_ws"는 불러온 코드를 저장할 디렉터리를 "ros2_ws"로 설정한다는 의미이다. 이후 절에서의 원활한 실습을 위해 저장할 디렉터리를 "ros2_ws"로 설정할 것을 권장한다. 그림 8.2.1은 위 2개의 명령을 순차적으로 입력한 화면이다.

```
hhk-laptop@hhklaptop: ~
hhk-laptop@hhklaptop: ~ 89x18
hhk-laptop@hhklaptop:~$ cd ~
hhk-laptop@hhklaptop:~$ git clone https://github.com/SKKUAutoLab/ros2_autonomous_vehicle_
book.git ros2_ws
Cloning into 'ros2_ws'...
remote: Enumerating objects: 346, done.
remote: Counting objects: 100% (346/346), done.
remote: Compressing objects: 100% (240/240), done.
remote: Total 346 (delta 166), reused 265 (delta 87), pack-reused 0 (from 0)
Receiving objects: 100% (346/346), 26.80 MiB | 8.46 MiB/s, done.
Resolving deltas: 100% (166/166), done.
```

그림 8.2.1. git clone 명령을 통해 실습 코드 불러오기

8.3. 불러온 실습 코드 확인하기

아래 2개 명령을 통해 현재 디렉터리를 ros2_ws로 이동 후, 현재 디렉터리

내부에 있는 하위 디렉터리 및 파일을 확인하면 그림 8.1.1에 나타난 디렉터리 및 파일과 동일한 파일들이 불러와졌음을 확인할 수 있다.

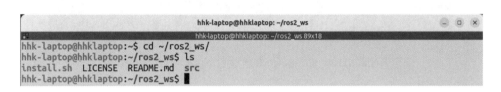

그림 8.3.1. ros2_ws 내부에 불러온 코드 확인

아래 명령을 통해 Visual Studio Code를 통해서도 불러온 코드를 확인 할 수 있다.

```
code ~/ros2_ws
```

그림 8.3.2는 Visual Studio Code를 통해 불러온 코드를 열어본 화면이다. "src" 디렉터리 내부에 실습용 코드가 들어있으므로, 하위 디렉터리 구조를 확인해보길 바란다.

그림 8.3.2. Visual Studio Code를 통한 ros2_ws 내부 구조 확인

8.4. 설치 스크립트 파일 실행

본 절에서는 자율주행 소프트웨어 개발에 필요한 구성 요소를 설치한다. ros2_ws 내부에는 install.sh 파일이 존재한다. 해당 파일은 스크립트 파일로, 설치 작업을 자동화하기 위해 작성된 텍스트 기반의 실행 파일이다. 스크립트 파일을 이용하면 필요한 설치 명령을 일일이 입력하지 않아도 여러 구성 요소 설치를 모두 자동으로 처리할 수 있다.

그림 8.4.1과 같이 아래의 명령어들을 순차적으로 입력하면 필요한 구성 요소들이 설치된다.

```
chmod +x ~/ros2_ws/install.sh
```

```
~/ros2_ws/install.sh
```

chmod +x 명령은 파일 실행 권한을 부여하는 명령이다. 실행 권한을 부여한 후, install.sh 파일 경로를 입력한 후, 비밀번호를 입력하면 스크립트 파일이 실행되며, 필요한 구성 요소들이 모두 설치된다.

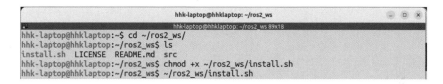

그림 8.4.1. install.sh 파일 실행 명령 입력

9장
Nvidia GPU 드라이버

9.1 Nvidia GPU 소개

Nvidia는 1990년대에 설립되어, 그래픽 처리 장치(GPU, Graphic Processing Unit)의 선구자로 자리 잡아왔다. GPU는 본래 복잡한 3D 그래픽을 빠르게 처리하기 위해 설계되었지만, AI 분야에서도 필수적인 도구가 되었다. 이는 GPU가 수천 개의 코어를 통해 대규모 병렬 처리를 수행할 수 있기 때문이다. 딥러닝 모델의 학습 및 추론 과정에는 수많은 행렬 연산과 데이터 처리가 요구되는데, GPU의 병렬 처리 능력을 활용하면 이러한 연산을 중앙 처리 장치(CPU, Central Processing Unit)보다 훨씬 빠르게 수행할 수 있다. 특히, Nvidia의 CUDA 플랫폼은 연구자와 개발자들이 GPU 성능을 쉽게 활용할 수 있도록 도와, 복잡한 AI 알고리즘의 훈련 및 추론 시간을 크게 단축시킨다.

9.2. Nvidia GPU 드라이버 설치

Nvidia GPU를 사용하기 위해서는 드라이버 설치가 필수적이다. 드라이버는 GPU와 운영체제 사이에 원활한 통신을 가능하게 하며, GPU의 성능을 최대한 발휘할 수 있도록 최적화된 환경을 제공한다.

9.2.1. 설치 가능한 드라이버 버전 확인

아래의 명령을 터미널에 입력하여 실행시키면 시스템에 연결된 모든 하드웨어 장치와 이를 지원하는 드라이버 목록이 출력된다.

```
ubuntu-drivers devices
```

그림 9.2.1은 위의 명령을 실행한 결과이다. 사용하는 노트북 PC에 Nvidia GPU가 탑재되어 있다면 vendor에 "NVIDIA Corporation"이 적혀있는 장치를 확인할 수 있다. 사용하는 노트북 PC에 Nvidia GPU가 탑재되어 있지 않다면 vendor에 "NVIDIA Corporation"이 적혀있는 장치가 나타나지 않으며, 이에 해당하는 독자는 9장을 건너뛰도록 한다.

vendor에 "NVIDIA Corporation"이 적혀있는 장치 아래에는 설치 가능한 드라이버 버전들이 나열되어 있다. 그 중, "recommended" 라고 표시된 드라이버 버전을 기억하여 설치하도록 한다. 본 교재에서는 "nvidia-driver-570" 버전이 "recommended" 된 버전이므로, 해당 버전을 설치하도록 한다.

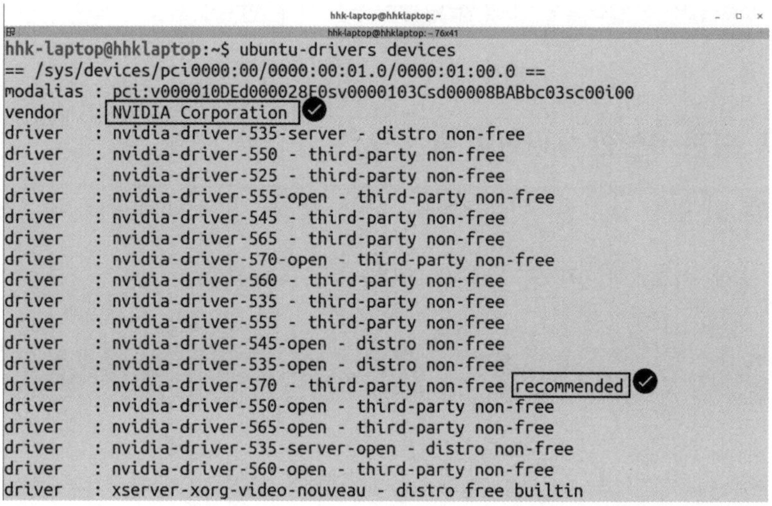

```
hhk-laptop@hhklaptop: ~
hhk-laptop@hhklaptop: ~ 76x41
hhk-laptop@hhklaptop:~$ ubuntu-drivers devices
== /sys/devices/pci0000:00/0000:00:01.0/0000:01:00.0 ==
modalias : pci:v000010DEd000028E0sv0000103Csd00008BABbc03sc00i00
vendor   : NVIDIA Corporation
driver   : nvidia-driver-535-server - distro non-free
driver   : nvidia-driver-550 - third-party non-free
driver   : nvidia-driver-525 - third-party non-free
driver   : nvidia-driver-555-open - third-party non-free
driver   : nvidia-driver-545 - third-party non-free
driver   : nvidia-driver-565 - third-party non-free
driver   : nvidia-driver-570-open - third-party non-free
driver   : nvidia-driver-560 - third-party non-free
driver   : nvidia-driver-535 - third-party non-free
driver   : nvidia-driver-555 - third-party non-free
driver   : nvidia-driver-545-open - distro non-free
driver   : nvidia-driver-535-open - distro non-free
driver   : nvidia-driver-570 - third-party non-free recommended
driver   : nvidia-driver-550-open - third-party non-free
driver   : nvidia-driver-565-open - third-party non-free
driver   : nvidia-driver-535-server-open - distro non-free
driver   : nvidia-driver-560-open - third-party non-free
driver   : xserver-xorg-video-nouveau - distro free builtin
```

그림 9.2.1. 설치가능한 드라이버 버전 확인

9.2.2. Recommended 된 Nvidia GPU 드라이버 설치

본 절에서는 9.2.1절에서 확인한 recommended 된 Nvidia GPU 드라이버 버전을 설치하도록 한다. Terminator 창에 아래와 같이 설치 명령을 입력하도록 한다.

```
sudo apt install "recommended 된 드라이버 버전"
```

본 교재의 그림 9.2.1에서는 "nvidia-driver-570" 버전이 "recommended" 된 버전이므로, 그림 9.2.2와 같이 "sudo apt install nvidia-driver-570" 라고 입력하였다.

그림 9.2.2. Nvidia GPU 드라이버 설치 명령

설치 명령 실행 이후에는 노트북 PC를 재부팅한다. 아래 명령을 활용하여 재부팅 하면 된다.

```
sudo reboot
```

9.2.3. Nvidia GPU 상태 확인

Nvidia GPU 드라이버가 설치된 상황에서는 nvidia-smi 명령을 통해 Nvidia GPU 상태를 확인할 수 있다. 그림 9.2.3과 같이 Nvidia GPU 상태가 나타났다면 Nvidia GPU 드라이버가 정상적으로 설치된된 것이므로, 이후 실습에서 Nvidia GPU를 활용할 수 있을 것이다. 만일 그림 9.2.4와 같이 나타난다면, Nvidia GPU 드라이버가 설치되지 않은 것이므로, 설치 과정을 다시 진행하도록 한다.

```
nvidia-smi
```

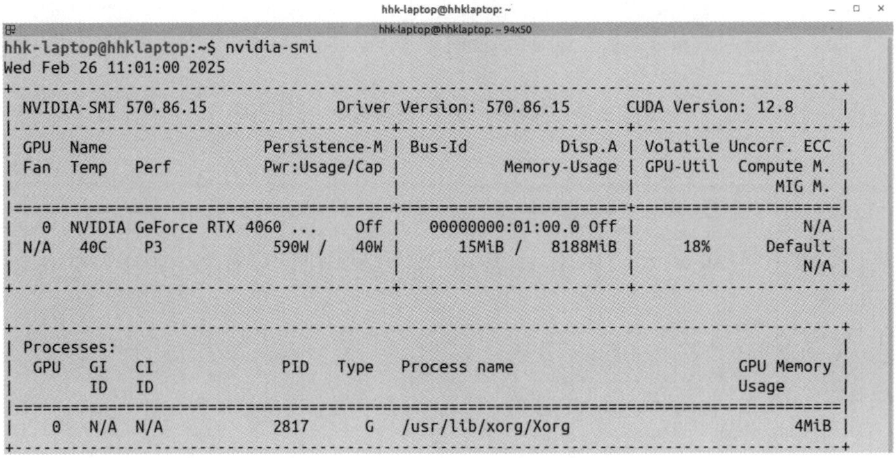

```
hhk-laptop@hhklaptop: ~
hhk-laptop@hhklaptop: ~ 94x50
hhk-laptop@hhklaptop:~$ nvidia-smi
Wed Feb 26 11:01:00 2025
+-----------------------------------------------------------------------------------------+
| NVIDIA-SMI 570.86.15              Driver Version: 570.86.15      CUDA Version: 12.8     |
|-----------------------------------------+------------------------+----------------------+
| GPU  Name                 Persistence-M | Bus-Id          Disp.A | Volatile Uncorr. ECC |
| Fan  Temp   Perf          Pwr:Usage/Cap |           Memory-Usage | GPU-Util  Compute M. |
|                                         |                        |               MIG M. |
|=========================================+========================+======================|
|   0  NVIDIA GeForce RTX 4060 ...    Off |   00000000:01:00.0 Off |                  N/A |
| N/A   40C    P3             590W /   40W |      15MiB /   8188MiB |     18%      Default |
|                                         |                        |                  N/A |
+-----------------------------------------+------------------------+----------------------+

+-----------------------------------------------------------------------------------------+
| Processes:                                                                              |
|  GPU   GI   CI              PID   Type   Process name                        GPU Memory |
|        ID   ID                                                               Usage      |
|=========================================================================================|
|    0   N/A  N/A            2817      G   /usr/lib/xorg/Xorg                        4MiB |
+-----------------------------------------------------------------------------------------+
```

그림 9.2.3. Nvidia GPU 상태 확인

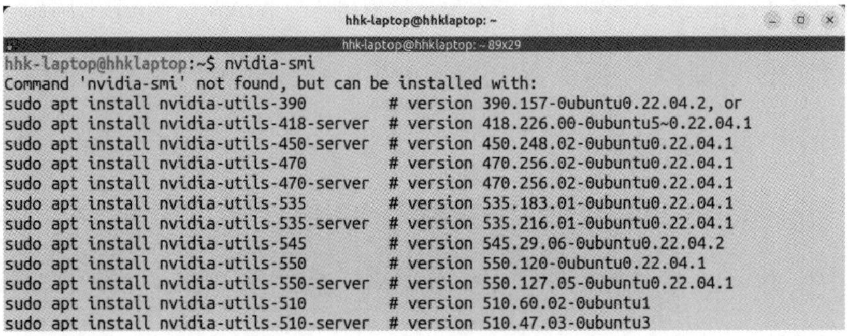

```
hhk-laptop@hhklaptop: ~
hhk-laptop@hhklaptop: ~ 89x29
hhk-laptop@hhklaptop:~$ nvidia-smi
Command 'nvidia-smi' not found, but can be installed with:
sudo apt install nvidia-utils-390         # version 390.157-0ubuntu0.22.04.2, or
sudo apt install nvidia-utils-418-server  # version 418.226.00-0ubuntu5~0.22.04.1
sudo apt install nvidia-utils-450-server  # version 450.248.02-0ubuntu0.22.04.1
sudo apt install nvidia-utils-470         # version 470.256.02-0ubuntu0.22.04.1
sudo apt install nvidia-utils-470-server  # version 470.256.02-0ubuntu0.22.04.1
sudo apt install nvidia-utils-535         # version 535.183.01-0ubuntu0.22.04.1
sudo apt install nvidia-utils-535-server  # version 535.216.01-0ubuntu0.22.04.1
sudo apt install nvidia-utils-545         # version 545.29.06-0ubuntu0.22.04.2
sudo apt install nvidia-utils-550         # version 550.120-0ubuntu0.22.04.1
sudo apt install nvidia-utils-550-server  # version 550.127.05-0ubuntu0.22.04.1
sudo apt install nvidia-utils-510         # version 510.60.02-0ubuntu1
sudo apt install nvidia-utils-510-server  # version 510.47.03-0ubuntu3
```

그림 9.2.4. 드라이버가 설치되지 않은 상황에서 Nvidia GPU 상태 확인 불가

## 3부

자율주행 시스템 이해와
기초 프로그래밍

10장

아두이노 프로그래밍

10장에서는 아두이노 IDE를 활용하여 간단한 아두이노 프로그램을 작성하고, 하드웨어의 동작을 확인해봄으로써 아두이노 보드 프로그래밍의 기본 개념을 익힌다. 10장에서는 2장에서 소개한 자율주행 차량 조립을 모두 진행하였다고 가정하고 실습을 진행한다. 10장에서의 절차를 틀림없이 수행했음에도 불구하고 동작하지 않는다면, 2장에서의 모든 하드웨어 연결을 다시 확인하길 바란다.

10.1. 아두이노 메가 연결

10.1.1. 아두이노 메가 연결 포트 확인

본 절에서는 아두이노 메가를 노트북 PC에 연결하고, 연결이 원활하게 되었는지 확인한다(물리적 연결 방법은 2.3.2절 참조). Ubuntu의 /dev 디렉터리는 하드웨어 장치가 연결되는 경로를 나타내며, 이 디렉터리 안에는 연결된 각종 장치가 파일 형태로 나타난다. 예를 들어, 시리얼 포트는 "tty"로 시작하는 이름을 가진다. 그림 10.1.1과 같이 아래의 명령을 입력하여 /dev 디렉터리 내의 파일 목록을 확인해보면, 다양한 하드웨어 장치들을 확인할 수 있다.

```
ls /dev
```

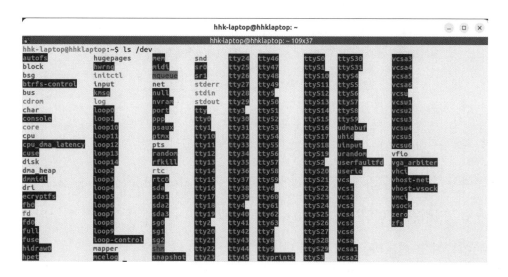

그림 10.1.1. 연결된 하드웨어 장치 목록 확인

아두이노 메가를 노트북 PC와 연결하면, /dev 디렉터리에 "ttyACM0"과 같은 이름으로 아두이노 메가 장치를 확인할 수 있다(뒤쪽 숫자는 달라질 수 있다). 이를 확인하기 위해 아래의 명령을 사용한다.

```
ls /dev/ttyA*
```

이는 /dev 디렉터리에서 이름이 "ttyA"로 시작하는 장치 파일만 필터링하여 보여주는 명령이다. 이를 통해 다양한 하드웨어 장치가 연결된 상태에서도 아두이노 메가 장치의 연결만을 쉽게 식별할 수 있도록 한다.

아두이노 메가를 노트북 PC에 연결하지 않은 채로 Terminator 상에서 "ls

/dev/ttyA*" 명령을 입력하면 그림 10.1.2와 같이 파일이나 디렉터리를 찾을
수 없다는 출력이 나타난다.

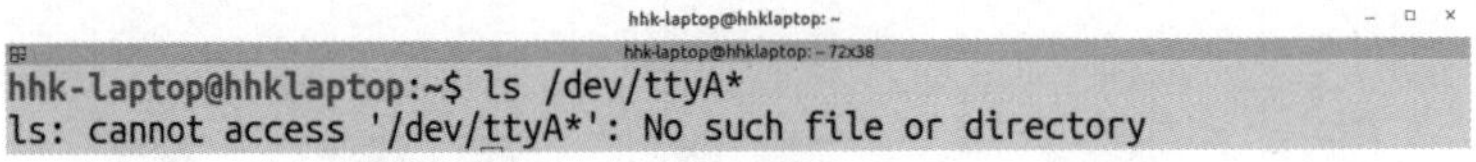

그림 10.1.2. 아두이노 메가 연결 이전 포트 확인

아두이노 메가를 노트북 PC에 연결한 뒤 Terminator 상에서 "ls /dev/
ttyA*" 명령을 입력하면 그림 10.1.3과 같이 아두이노 메가 장치가 연결된 포
트 이름이 조회된다.

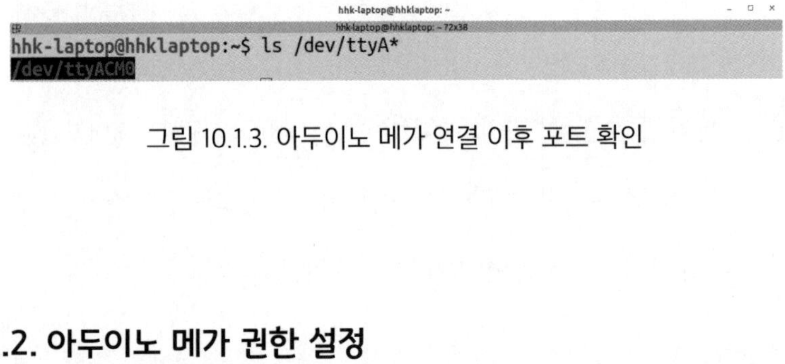

그림 10.1.3. 아두이노 메가 연결 이후 포트 확인

10.1.2. 아두이노 메가 권한 설정

아두이노 메가에 프로그래밍을 하고, 시리얼 통신을 활성화하기 위해서는
권한 설정이 필요하다. 아래의 명령은 아두이노 메가에 읽기 및 쓰기 권한을 부
여하는 명령이다. 명령의 가장 마지막 항인 "/dev/ttyACM0"은 10.1.1절에서
확인한 포트와 동일하게 입력하도록 한다. 시스템에 따라 포트 이름이 다를
수 있으니, 반드시 "ls /dev/ttyA*" 명령으로 확인한 이름을 사용하도록 한다.

```
sudo chmod a+rw /dev/ttyACM0
```

10.1.3. 아두이노 IDE에서 포트 설정

그림 10.1.4와 같이 아두이노 IDE에서 보드 선택 창에서 아두이노 메가
장치가 연결된 포트를 선택하도록 한다.

그림 10.1.4. 아두이노 IDE에서 포트 설정

10.2. 모터 구동

본 절에서는 아두이노 프로그래밍을 통해 모터를 구동하는 실습을 한다.
그림 10.2.1과 같이 실습 코드에서 모터 테스트용 코드를 불러오기 위해

"File" 메뉴에서 "Open"을 선택한다.

그림 10.2.1. File 메뉴에서 Open 선택

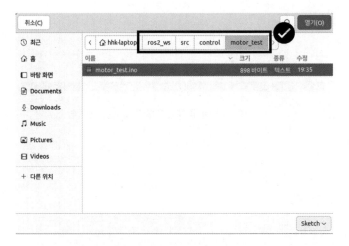

그림 10.2.2. ros2_ws/src/control/motor_test.ino 열기

그림 10.2.2와 같이 실습 코드를 저장한 디렉터리인 "ros2_ws"에서 src/control/motor_test 경로에 위치한 "motor_test.ino" 파일을 선택한다.

모터 테스트용 실습 코드는 그림 10.2.3과 같다. 그림 10.2.3의 체크박스에 해당하는 영역을 수정하여 모터를 구동할 수 있다.

뒷바퀴 모터의 속력 및 방향은 target_speed 변수를 통해 설정한다. 양수는 전진, 음수는 후진을 뜻하며, 값의 절댓값이 클수록 모터의 회전이 빠르다. 속도 값은 255가 최댓값이다.

모터를 제어하기 위해서는 모터 드라이버와 연결된 핀 번호를 입력해야 한다. test_motor1, test_motor2 변수에 2.3.3절에서 모터 드라이버의 IN1, IN2와 연결한 아두이노 메가의 핀 번호를 입력한다.

그림 10.2.3. 속도 및 핀번호 입력

그림 10.2.3에서 모든 작업을 완료했다면, 그림 10.2.4와 같이 좌측 상단의 화살표 버튼을 눌러서 작성한 코드를 아두이노 메가에 업로드할 수 있다. 우측 하단에 업로드가 완료되었다는 메시지를 확인하도록 한다.

그림 10.2.4. 코드 업로드

코드를 업로드 한 후, 차량의 배터리 전원을 켰을 때 모터가 원하는 대로 동작하는지 확인한다. 만일 모터가 원하는 방향과 반대 방향으로 동작하면 test_motor1, test_motor2에 입력된 값을 서로 바꿔서 재업로드 한 후 동작을 확인한다. 이후 자율주행 실습에서도 모터에 연결된 핀 번호가 활용되므로, 핀 번호를 확인 후 메모해둘 것을 권장한다.

10.3. 가변저항 값 읽기

본 절에서는 아두이노 프로그래밍을 통해 가변저항 값을 읽는 실습을 한다. 그림 10.2.1과 같이 실습 코드에서 가변저항 읽기용 코드를 불러오기 위해 "File" 메뉴에서 "Open"을 선택한다.

그림 10.3.1과 같이 실습 코드를 저장한 디렉터리인 "ros2_ws"에서 src/control/motor_test 경로에 위치한 "check_variable_resistor.ino" 파일을 선택한다.

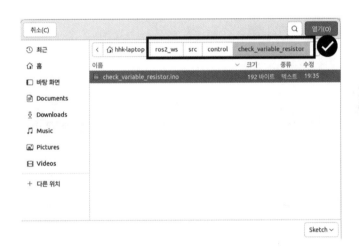

그림 10.3.1. ros2_ws/src/control/check_variable_resistor.ino 열기

가변저항 읽기용 실습 코드는 그림 10.3.2와 같다. sensorPin 변수에 2.3.4 절에서 가변저항의 OUT 핀에 연결한 아두이노의 아날로그 입력 핀을 입력한 뒤 그림 10.2.4와 같이 아두이노 메가에 코드를 업로드 한다.

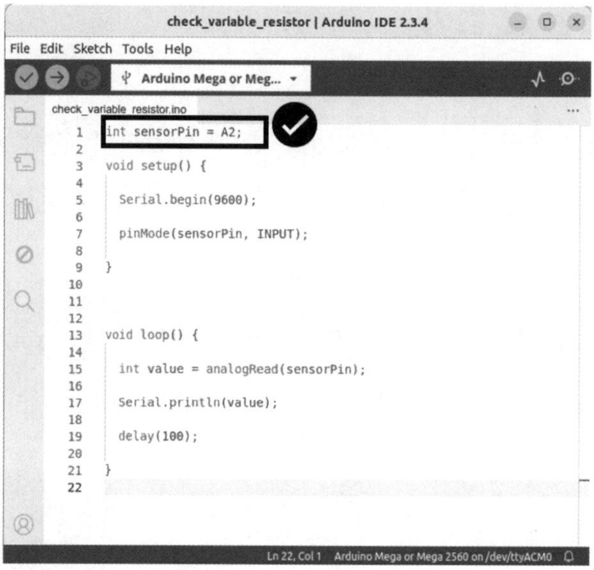

그림 10.3.2. 핀 번호 입력

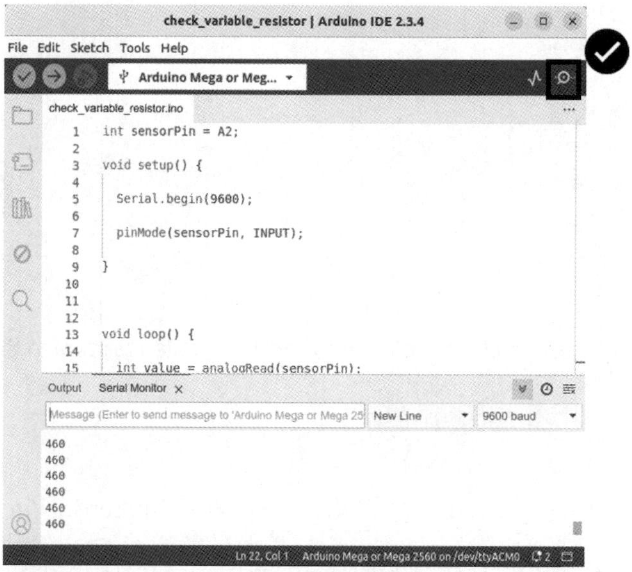

그림 10.3.3. 시리얼 모니터 확인

그림 10.3.3과 같이 우측 상단의 시리얼 모니터 화면 조회 버튼을 선택하면 가변저항 값을 실시간으로 확인할 수 있다. 그림 10.3.4와 같이 앞바퀴의 방향을 바꿔가면서 실시간으로 가변저항 값의 변화를 확인하길 바란다. 이후 자율주행 실습에서는 최대 좌측/우측 조향시 가변저항 값이 필요하기 때문에, 해당 값을 메모해둘 것을 권장 한다.

그림 10.3.4. 최대 좌측/우측 조향 시 가변저항 값 확인

11장
ROS 2 기본 기능 익히기

ROS 2는 자율주행 및 로봇을 위한 폭넓은 작업을 지원하며, 고급 사용자를 위한 다양한 도구와 기능도 제공한다. 하지만 ROS 2의 모든 기능을 한 번에 익히는 것은 현실적으로 어렵고, 자율주행 실습을 하기 위해 반드시 필요한 부분만 우선적으로 학습하는 것이 더 효율적이다. 이에 따라 본 절에서는 ROS 2의 몇 가지 핵심 요소만 중심적으로 다루며, 다른 기능 및 요소는 필요할 때마다 이후 절에서 간략히 언급한다. ROS 2의 고급 기능이나 추가적인 세부 사항에 대해 배우고자 한다면, 관련 문서나 서적, 그리고 ROS 2 커뮤니티에서 제공하는 다양한 리소스를 참고하여 학습을 확장해 나가는 것을 권장한다. 특히, ROS 2 공식 문서의 튜토리얼[14]에서는 입문자가 학습에 필요한 자료를 쉽게 찾을 수 있으므로, 궁금한 점이 생기면 이를 적극 활용하는 것이 좋다.

11장에서 다루는 ROS 2의 핵심 요소는 노드(Node), 토픽(Topic), 패키지(Package)이다. 각 요소별 개념을 익힌 후, 실행 명령을 통해 개념을 잡도록 한다.

• • •

14) https://docs.ros.org/en/humble/Tutorials.html

11.1. 노드(Node)

노드(Node)는 ROS 2에서 특정 작업을 수행하는 최소 실행 단위이다. 노드는 독립적인 프로그램으로 실행되며, 자율주행 시스템에서는 다양한 센서 데이터를 처리하거나 제어 명령을 생성하는 역할을 맡는다. 예를 들어, 카메라 이미지를 처리하는 노드와 라이다 데이터를 분석하는 노드는 각각 독립적으로 실행될 수 있다.

11.2. 토픽(Topic)

토픽(Topic)은 ROS 2에서 노드 간 데이터를 교환하기 위한 통신 채널이다. 노드가 서로 데이터를 주고받기 위해 사용하는 기본적인 메커니즘으로, 발행(Publish)과 구독(Subscribe)의 비동기적 통신 방식을 지원한다. 자율주행 시스템에서는 센서 데이터와 제어 명령을 주고받기 위해 토픽이 필수적으로 사용된다.

11.3. 패키지(Package)

패키지(Package)는 ROS 2에서 코드를 구성하고 배포하기 위한 기본 단위이다. ROS 2의 모든 노드는 패키지 단위로 관리되며 비슷한 기능을 수행하는 여러 노드를 하나의 패키지로 묶어 체계적으로 정리할 수 있다. 패키지를 사용하면 프로젝트를 보다 구조화하여 운영할 수 있고, 관련된 노드들을 효율적으로 관리할 수 있어 효율적인 개발과 유지보수가 가능하다.

11.4. 노드 실행

7.2.1절에서 언급한 바와 같이, 모든 ROS 2 명령을 실행하기에 앞서, 소싱을 해야한다. 아래 명령을 터미널 창에 입력한다.

```
source /opt/ros/humble/setup.bash
```

노드의 실행은 아래 명령으로 이루어진다.

```
ros2 run "패키지 명" "노드 명"
```

그림 7.2.2에서 입력하는 명령을 살펴보면 아래와 같다.

```
ros2 run demo_nodes_cpp talker
```

이는 demo_nodes_cpp 패키지 아래에서 관리되고 있는 talker 노드를 실행하는 명령임을 알 수 있다.

마찬가지로, 그림 7.2.3에서 입력하였던 아래 명령을 살펴보면 demo_nodes_py 패키지 아래에서 관리되고 있는 listener 노드를 실행하는 명령임을 알 수 있다.

```
ros2 run demo_nodes_py listener
```

11.5. rqt_graph

rqt_graph는 ROS 2에서 실행 중인 노드와 그들 간의 데이터 흐름을 시각적으로 보여주는 도구이다. 이 도구를 사용하면 현재 실행 중인 노드 간의 통신 관계를 직관적으로 이해할 수 있어, 시스템을 디버깅하거나 구조를 확인할 때 매우 유용하다.

그림 11.5.1과 같이 Terminator 화면을 3개로 분할한 뒤, 각 분할된 셀에 소싱을 한다. 이후에 talker, listener 노드를 실행하고, rqt_graph 명령을 입력하도록 한다.

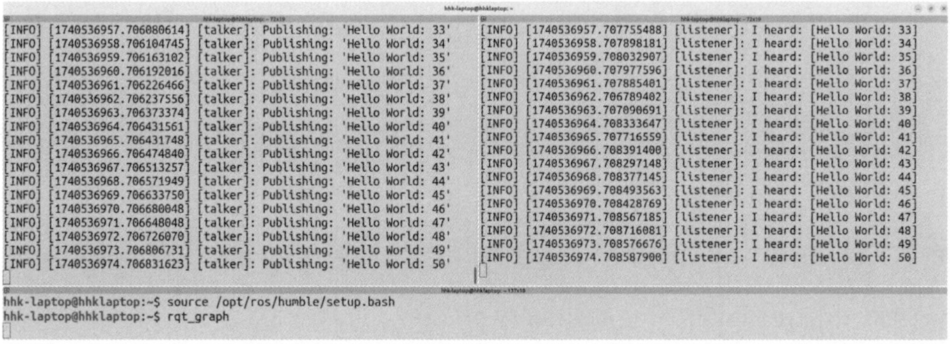

그림 11.5.1. talker & listener node 및 rqt_graph 실행

rqt_graph를 실행하면 그림 11.5.2와 같은 그림 창이 나타난다(창이 나타나면 좌측 상단의 새로고침 버튼을 한 번 클릭하도록 한다).

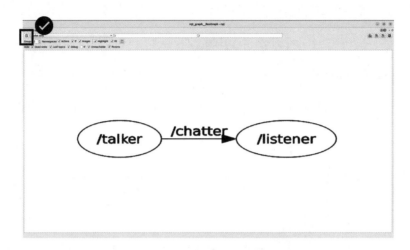

그림 11.5.2. rqt_graph 창(새로고침 버튼 클릭)

/talker와 /listener는 실행중인 노드이고, /chatter는 두 노드간 주고 받는 토픽이다. 이와 같이 ROS 2 프로그램을 노드 단위로 실행한 뒤, rqt_graph를 통해서 프로젝트의 구조를 한눈에 쉽게 볼 수 있다.

11.6. 토픽 모니터링

ROS 2에서는 활성화된 토픽 목록을 확인하고, 각 토픽 데이터를 실시간으로 모니터링 하는 기능을 제공한다. 11.5절에서 실행한 노드를 실행한 상태에서 새로운 터미널 창을 띄워 아래의 명령을 입력하면 그림 11.6.1 과 같이 활성화된 토픽 목록을 확인할 수 있다.

```
source /opt/ros/humble/setup.bash
```

```
ros2 topic list
```

```
hhk-laptop@hhklaptop:~$ ros2 topic list
/chatter
/parameter_events
/rosout
```

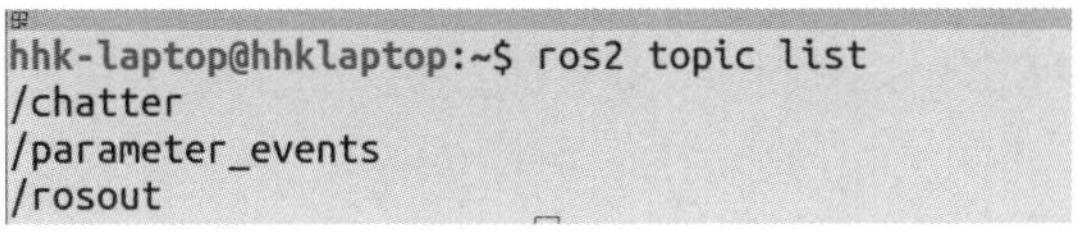

그림 11.6.1. ros2 topic list 명령 실행

/chatter는 그림 11.5.2에서 확인한 /talker 노드와 /listener 노드간에 주고
받는 토픽이다.

/parameter_events 와 /rosout은 ROS 2 시스템의 기본적인 동작과 모니터
링을 지원하는데 필수적인 토픽이다. 본 절에서는 /chatter 토픽을 모니터링
해보도록 한다.

아래의 명령을 터미널에 입력하면 그림 11.6.2와 같이 실시간으로 /chat-
ter 토픽 정보를 확인할 수 있다.

```
ros2 topic echo /chatter
```

```
hhk-laptop@hhklaptop:~$ ros2 topic echo /chatter
data: 'Hello World: 71'
---
data: 'Hello World: 72'
---
data: 'Hello World: 73'
---
data: 'Hello World: 74'
---
data: 'Hello World: 75'
---
```

그림 11.6.2. ros2 topic echo 명령을 통한 /chatter 토픽 모니터링

11.7. RViz

RViz는 ROS 2에서 제공하는 시각화 도구로, 자율주행 차량의 센서 데이터와 동작 상태를 직관적으로 확인할 수 있게 해준다. 예를 들어, 차량에 장착된 카메라로부터 인지된 데이터를 실시간으로 시각화하거나, 차량이 이동할 경로 계획을 시각화할 수 있다. 이를 통해 센서나 자율주행 소프트웨어 알고리즘의 정상 동작 여부를 편리하게 확인 할 수 있다.

아래와 같이 소싱을 하고, rviz2 명령을 실행하면, 그림 11.7.1과 같은 창이 나타난다.

```
source /opt/ros/humble/setup.bash
```

```
rviz2
```

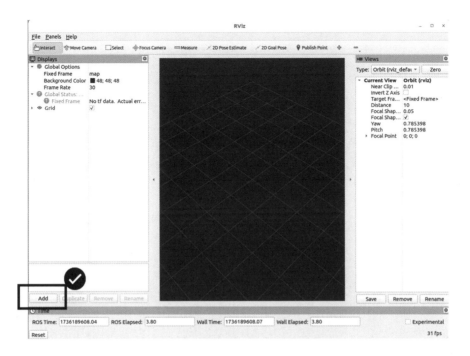

그림 11.7.1. RViz 창

우측 하단의 "Add"를 클릭하면 그림 11.7.2와 같은 창이 나타난다. 현재
실행중인 노드 간에 만일 이미지 데이터가 토픽으로 교환 중이라면, 이 창에
서 "Image"를 선택하여 해당 토픽 데이터를 모니터링 할 수 있다. 현재 실행
중인 노드 간에 만일 라이다 데이터가 토픽으로 교환중이라면, 이 창에서
"LaserScan"을 선택하여 해당 토픽 데이터를 모니터링 할 수 있다. 구체적인
사용은 이후 16장과 19장에서 다룬다.

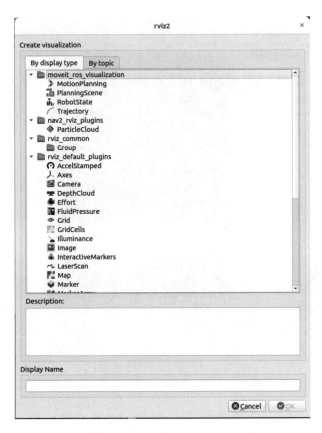

그림 11.7.2. 시각화 할 데이터 종류 선택 창

ROS 2 기반 실습 코드 구조

12장에서는 ROS 2 기반으로 구성된 실습 코드의 전체적인 모듈화 구조와 기능에 대해 소개하고, 이후 장에서는 각 모듈별 기능을 상세히 설명하도록 한다.

12.1. 자율주행 소프트웨어 구조

자율주행 시스템은 인지부, 판단부, 제어부로 구성된 모듈화된 소프트웨어 구조로 이루어진다. 인지부는 신체에서의 감각기관과 유사한 역할을 수행한다. 센서를 기반으로 도로 환경에 대한 정보를 인식하는 모듈로, 카메라, 라이다와 같은 센서들에서 수집된 데이터를 처리하여 도로, 차선, 보행자, 신호등 등의 정보를 추출한다. 판단부는 신체에서의 두뇌와 유사한 역할을 수행한다. 인지부에서 처리한 데이터를 바탕으로 경로를 계획하고, 주행 명령을 생성하여 자율주행 차량의 주요 의사결정을 담당한다. 제어부는 신체에서의 운동신경과 유사한 역할을 수행한다. 판단부에서 생성된 주행 명령을 받아, 차량의 조향, 가속, 감속등의 물리적 동작을 수행한다.

소프트웨어 모듈화는 각 기능을 독립적으로 관리할 수 있도록 하여 업데이트 및 유지보수 비용을 낮추는 데 큰 장점을 제공한다. 예를 들어, 판단부 알고리즘을 개선하려면 판단부 모듈과 그와 연관된 데이터 교환 방식만 수정하면 되며, 다른 모듈에는 영향을 미치지 않는다. 이와 같은 모듈화는 시스템의 확장성과 유연성을 크게 높여준다. ROS 2 기반으로 자율주행 소프트웨어 구조를 구성한다면, 이러한 인지부, 판단부, 제어부 별 모듈화 구조를 갖추기 매우 용이하다. 각 모듈을 노드 및 패키지 단위로 구성하고, 그들간에 정보 교환 방식을 정의하면 된다.

12.2. 실습 코드 구조

본 절에서는 ros2_ws 내에 있는 실습 코드의 구조를 알아본다.

12.2.1. 최상위 디렉터리

그림 12.2.1은 ros2_ws 디렉터리의 하위 항목을 조회한 결과이다.

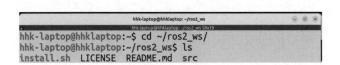

그림 12.2.1. 최상위 디렉터리의 하위 항목

install.sh 파일은 8.4절에서 실행하였던 스크립트 파일이다.

LICENSE 파일은 본 실습 코드의 라이선스를 정의한 파일이다. 본 실습 코드는 GPL-3 라이선스를 따르며, 이를 사용하여 프로젝트를 배포할 경우

GPL-3에 따라 소스 코드를 공개해야 할 의무가 발생한다. 다만, 개인적으로만 사용하거나 배포하지 않는 경우에는 이러한 의무가 적용되지 않는다.

READLE.md 파일은 본 프로젝트에 대한 설명을 담은 파일이다. READ-ME.md 파일을 활용하여 그림 12.2.2와 같이 GitHub상에 설명을 표시한 것이다.

그림 12.2.2. GitHub 웹페이지 상 설명

src는 모든 소스코드가 담겨있는 디렉터리이다. 12.2.2절에서 src 디렉터리 내부 구조를 알아본다.

12.2.2. src 디렉터리

그림 12.2.3은 src 디렉터리의 하위 항목을 조회한 결과이다.

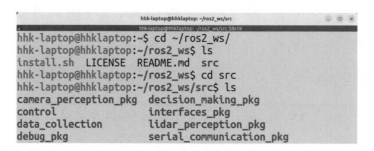

그림 12.2.3. src 디렉터리의 하위 항목

src 디렉터리는 2개의 일반 디렉터리와 6개의 ROS 2 패키지를 포함한다. ROS 2 패키지들은 구별하기 쉽도록 디렉터리 이름 뒤편에 "pkg"를 덧붙였다.

12.2.3. data_collection(데이터 수집 및 수동 주행 모듈)

data_collection 디렉터리는 ROS 2의 패키지가 아닌 일반적인 디렉터리이다. 이 디렉터리 내에는 유아용 전동차를 키보드를 활용하여 수동으로 조작하며 실시간으로 카메라 이미지 프레임을 저장소에 저장하여 도로 환경 데이터를 수집할 수 있도록 지원하는 코드가 존재한다. 그림 12.2.4는 data_collection 디렉터리의 하위 항목을 조회한 결과이다. 데이터 수집 방법은 26장에서 자세히 다루도록 한다.

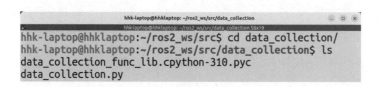

그림 12.2.4. data_collection 디렉터리의 하위 항목

12.2.4. control(자율주행 제어부 모듈)

control 디렉터리는 ROS 2의 패키지가 아닌 일반적인 디렉터리이다. 이 디렉터리 내에는 아두이노 코드가 존재한다. 그림 12.2.5는 control 디렉터리의 하위 항목을 조회한 결과이다. check_variable_resistor 와 motor_test 내에는 10장에서 다루었던 실습 코드가 존재한다. driving 디렉터리 내에는 자율주행 차량의 제어를 모두 수행하는 아두이노 코드 존재한다. 이는 26장에서 자세히 다루도록 한다.

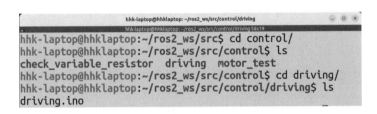

그림 12.2.5. control 디렉터리의 하위 항목

12.2.5. camera_perception_pkg(카메라 인지부 모듈)

camera_perception_pkg는 카메라 센서 기반 인지 기능을 수행하는 노드를 모은 ROS 2 패키지이다. 그림 12.2.6은 camera_perception_pkg의 하위 항목을 조회한 결과이다.

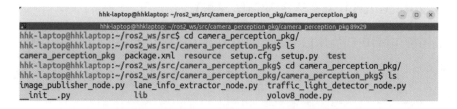

그림 12.2.6. camera_perception_pkg의 하위 항목

package.xml, setup.cfg, setup.py는 각각 ROS 2 패키지의 정보를 정의하거나 Python 패키지를 설정하고 배포하는 데 사용되는 파일이다. resource 디렉터리는 프로그램 실행에 필요한 정적 파일을 보관하는 디렉터리이고, test 디렉터리는 프로그램을 검증하기 위한 테스트 코드가 포함된 디렉터리이다. 이러한 파일 및 디렉터리들은 주로 패키지를 설계하고 배포할 때 작성되며, 패키지를 단순히 사용하거나 실행하는 실습자 입장에서는 반드시 알 필요는 없다. 따라서 이는 심화 학습 주제로 두고, 실습 경험을 쌓은 후에 학습하는 것이 적절하다.

camera_perception_pkg 내에는 패키지 이름과 동일한 이름의 디렉터리(camera_perception_pkg)가 하나 더 존재하며, 이 디렉터리에는 카메라 센서 기반 인지 기능을 수행하는 데 필요한 노드들이 포함되어 있다. 해당 노드들은 Python 코드로 작성되었으며, 이후 4부에서 노드의 실행 방법과 코드 분석을 상세히 다룰 예정이다.

12.2.6. lidar_perception_pkg(라이다 인지부 모듈)

lidar_perception_pkg는 라이다 센서 기반 인지 기능을 수행하는 노드를 모은 ROS 2 패키지이다. 그림 12.2.7은 lidar_perception_pkg의 하위 항목을 조회한 결과이다. camera_perception_pkg와 마찬가지로, package.xml, setup. cfg, setup.py, resource, test 하위 항목이 존재한다.

lidar_perception_pkg 내에도 패키지 이름과 동일한 이름의 디렉터리(lidar_perception_pkg)가 하나 더 존재하며, 이 디렉터리에는 라이다 센서 기반 인지 기능을 수행하는 데 필요한 노드들이 포함되어 있다. 해당 노드들은 Python 코드로 작성되었으며, 이후 4부에서 노드의 실행 방법과 코드 분석을 상세히 다룰 예정이다.

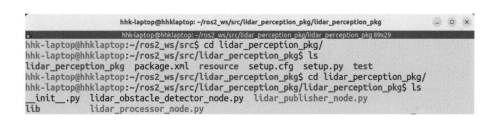

그림 12.2.7. lidar_perception_pkg의 하위 항목

12.2.7. decision_making_pkg(판단부 모듈)

decision_making_pkg는 인지부 모듈 정보를 구독하여 이동 경로 및 제어 명령을 판단하는 노드를 모은 ROS 2 패키지이다. 그림 12.2.8은 decision_making_pkg의 하위 항목을 조회한 결과이다. camera_perception_pkg와 마찬가지로, package.xml, setup.cfg, setup.py, resource, test 하위 항목이 존재한다.

decision_making_pkg 내에도 패키지 이름과 동일한 이름의 디렉터리(decision_making_pkg)가 하나 더 존재하며, 이 디렉터리에는 판단부 기능을 수행하는 데 필요한 노드들이 포함되어 있다. 해당 노드들은 Python 코드로 작성되었으며, 이후 5부에서 노드의 실행 방법과 코드 분석을 상세히 다룰 예정이다.

```
hhk-laptop@hhklaptop: ~/ros2_ws/src/decision_making_pkg/decision_making_pkg
hhk-laptop@hhklaptop:~/ros2_ws/src$ cd decision_making_pkg/
hhk-laptop@hhklaptop:~/ros2_ws/src/decision_making_pkg$ ls
decision_making_pkg  package.xml  resource  setup.cfg  setup.py  test
hhk-laptop@hhklaptop:~/ros2_ws/src/decision_making_pkg$ cd decision_making_pkg/
hhk-laptop@hhklaptop:~/ros2_ws/src/decision_making_pkg/decision_making_pkg$ ls
__init__.py  lib  motion_planner_node.py  path_planner_node.py
```

그림 12.2.8. decision_making_pkg의 하위 항목

12.2.8. serial_communication_pkg(시리얼 통신 모듈)

serial_communication_pkg는 시리얼 통신을 통해 아두이노 쪽으로 제어 명령을 송신하기 위한 노드를 모은 ROS 2 패키지이다. 그림 12.2.9는 serial_communication_pkg의 하위 항목을 조회한 결과이다. 다른 패키지들과 마찬가지로, package.xml, setup.cfg, setup.py, resource, test 하위 항목이 존재한다.

serial_communication_pkg 내에도 패키지 이름과 동일한 이름의 디렉터리(serial_communication_pkg)가 하나 더 존재하며, 이 디렉터리에는 시리얼 통신 기능을 수행하는 데 필요한 노드들이 포함되어 있다. 해당 노드들은 Python 코드로 작성되었으며, 이후 7부에서 노드의 실행 방법과 코드 분석을 상세히 다룰 예정이다.

```
hhk-laptop@hhklaptop: ~/ros2_ws/src/serial_communication_pkg/serial_communication_pkg
hhk-laptop@hhklaptop:~/ros2_ws/src$ cd serial_communication_pkg/
hhk-laptop@hhklaptop:~/ros2_ws/src/serial_communication_pkg$ ls
package.xml  resource  serial_communication_pkg  setup.cfg  setup.py  test
hhk-laptop@hhklaptop:~/ros2_ws/src/serial_communication_pkg$ cd serial_communication_pkg/
hhk-laptop@hhklaptop:~/ros2_ws/src/serial_communication_pkg/serial_communication_pkg$ ls
__init__.py  lib  serial_sender_node.py
```

그림 12.2.9. serial_communication_pkg의 하위 항목

12.2.9. interfaces_pkg(토픽 메시지 타입 정의 모듈)

interfaces_pkg는 ROS 2에서 노드 간 토픽과 같은 메시지를 주고받을 때 필요한 데이터 타입을 정의하는 패키지이다. ROS 2는 string, boolean, int와 같은 기본적인 자료형을 메시지로 바로 사용할 수 있도록 지원한다. 하지만 노드 간에 여러 자료형을 묶은 구조체 형태의 데이터나 사용자 정의 자료구조를 송수신해야 할 경우가 많다. ROS 2가 모든 형태의 자료구조를 기본적으로 지원할 수는 없으므로, interfaces_pkg와 같은 패키지를 통해 필요한 메시지 타입을 커스터마이징하여 생성하고 관리한다.

초보자 입장에서는 실습 코드에서 제공하는 인터페이스를 먼저 활용하여 자율주행을 구현하는 것이 중요하다. 이후 실습 경험이 쌓이면 자신만의 커스텀 메시지를 정의하고 사용하는 방법을 학습하는 것이 적절하다. 이에 따라 interfaces_pkg는 부록에서 상세히 다룬다.

그림 12.2.10은 interfaces_pkg의 하위 항목을 조회한 결과이다. msg 디렉터리 내에 다양한 메시지 타입들이 정의되어 있다.

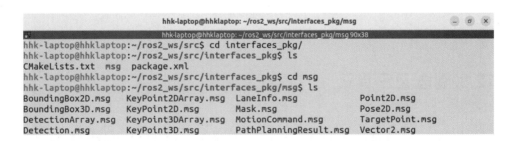

그림 12.2.10. interfaces_pkg의 하위 항목

12.2.10. debug_pkg(디버깅 모듈)

자율주행을 위한 소프트웨어를 구현하고 실험을 진행할 때, 이미지 처리는 잘 되고 있는지, 판단부 모듈에서 경로 생성은 원활히 되고 있는지 실시간으로 모니터링할 필요가 있다. 따라서 이를 위한 노드를 debug_pkg에서 관리하도록 하였다. 그림 12.2.11은 debug_pkg의 하위항목을 조회한 결과이다. debug_pkg 내에도 패키지 이름과 동일한 이름의 디렉터리(debug_pkg)가 하나 더 존재하며, 이 디렉터리에는 시리얼 통신 기능을 수행하는 데 필요한 노드들이 포함되어 있다. 해당 노드들은 Python 코드로 작성되었다. 이 중 yolov8_visualizer_node는 4부에서, path_visualization_node는 5부에서 활용한다.

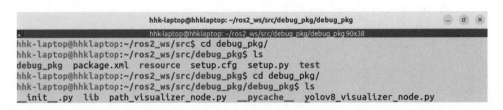

그림 12.2.11. debug_pkg의 하위 항목

12.3. 실습 코드 빌드

직접 코드를 작성한 ROS 2의 노드를 실행하기 위해서는 빌드 작업을 진행해야 한다. 빌드는 작성한 코드를 실행 가능한 프로그램으로 만들고, 패키지의 설정과 의존성을 준비하는 과정이다. 본 절에서는 코드로 작성한 노드를 실행하기 위해 빌드하는 과정에 대해 알아본다.

그림 12.3.1은 실습 코드를 빌드하는 작업을 보여준다. ros2_ws 디렉터리에서 아래의 명령을 실행하면 빌드가 진행된다.

```
colcon build --symlink-installl
```

빌드가 완료되면 ros2_ws 내에 build, install, log 디렉터리가 새롭게 형성된다. 노드를 실행하려면 이 중 install 디렉터리 내의 local_setup.bash를 소싱해줘야 직접 작성하여 빌드한 노드를 실행시킬 수 있다.

```
                    hhk-laptop@hhklaptop: ~/ros2_ws
                 hhk-laptop@hhklaptop: ~/ros2_ws 90x38
hhk-laptop@hhklaptop:~/ros2_ws$ cd ~/ros2_ws/
hhk-laptop@hhklaptop:~/ros2_ws$ ls
install.sh  LICENSE  README.md  src
hhk-laptop@hhklaptop:~/ros2_ws$ source /opt/ros/humble/setup.bash
hhk-laptop@hhklaptop:~/ros2_ws$ colcon build --symlink-install
Starting >>> camera_perception_pkg
Starting >>> debug_pkg
Finished <<< debug_pkg [1.17s]
Starting >>> decision_making_pkg
Finished <<< camera_perception_pkg [1.20s]
Starting >>> interfaces_pkg
Finished <<< decision_making_pkg [0.98s]
Starting >>> lidar_perception_pkg
Finished <<< lidar_perception_pkg [0.97s]
Starting >>> serial_communication_pkg
Finished <<< serial_communication_pkg [1.24s]
Finished <<< interfaces_pkg [23.5s]

Summary: 6 packages finished [25.1s]
hhk-laptop@hhklaptop:~/ros2_ws$ ls
build  install  install.sh  LICENSE  log  README.md  src
```

그림 12.3.1. 실습 코드 빌드

그림 12.3.2는 소싱을 하지 않았을 때와 소싱을 하였을 때의 차이를 보여준다. 노드 실행 명령은 11.4절에 언급된 바와 같이 아래와 같다.

```
ros2 run "패키지 명" "노드 명"
```

7.2.1절에서 언급했듯이, ROS 2 명령을 실행하기 이전에 소싱을 해줘야 터미널에서 ROS 2 명령을 인식할 수 있다. 그림 12.3.2의 윗 부분에서는 소싱을 하지 않고, camera_perception_pkg의 image_publisher_node를 실행하면 명령을 인식하지 못하는 문제를 보여준다.

그림 12.3.2. 소싱 후 노드 실행

하지만 소싱을 한 뒤에도 노드 실행 명령이 작동하지 않는다면, 이는 install/local_setup.bash 파일을 추가로 소싱하지 않았기 때문이다. 작성한 코드를 포함한 빌드 결과를 터미널이 인식하려면 아래 명령을 통해 추가로 소싱해야 한다.

```
source ./install/local_setup.bash
```

이 과정을 통해 직접 작성하고 빌드한 ROS 2 노드를 정상적으로 실행할 수 있다.

## 4부

자율주행 인지부 실습

13장
딥러닝 모델 학습

13장에서는 자율주행을 위한 도로 환경 인지에서 활용하는 딥러닝을 실습한다. 딥러닝의 종류는 다양하나, 본 절에서는 자율주행에서 가장 활용도가 높은 Segmentation 모델 실습을 진행한다. Segmentation 모델은 딥러닝에서 이미지나 비디오 데이터를 분석할 때 사용되는 기술로, 이미지의 각 픽셀을 특정 클래스에 할당하는 작업을 수행한다. 즉, 입력된 이미지에서 어떤 픽셀이 어떤 객체에 속해있는지를 파악하는 것이다. 이를 통해 자율주행에서는 도로, 차선, 보행자, 차량, 신호등, 장애물 등을 분리하여 인지할 수 있다. Segmentation은 객체의 경계까지 정확히 구분하기 때문에 더 정밀한 환경 분석이 가능하다.

13.1. 데이터셋 다운로드

딥러닝은 크게 데이터 수집 단계, 라벨링 단계, 학습 단계, 추론 단계로 구성된다. 직접 데이터를 수집하는 방법은 26장에서 소개하고, 본 절에서는 보다 빠른 구현을 위해 사전에 수집된 데이터셋을 활용한다. 딥러닝 학습 이후 추가로 필요로 하는 데이터셋은 26장을 참고하여 수집하도록 한다. 데이터셋은 Kaggle 사이트[15])에서 다운로드 할 수 있다. 그림 13.1.1은 Kaggle 사이트에 접속하였을 때 나오는 화면이다. 우측 상단의 "Download" 버튼을 클릭한 뒤, 그림 13.1.2와 같이 zip 파일로 다운로드 받도록 한다.

그림 13.1.1. Kaggle 사이트 화면

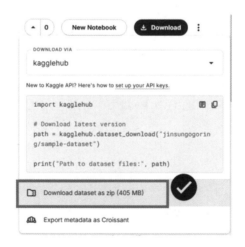

그림 13.1.2. zip 파일로 다운로드

• • •

15) https://www.kaggle.com/datasets/jinsungogoring/sample-dataset

13.2. 데이터 라벨링

본 절에서는 데이터 라벨링 방법에 대해 소개한다. 라벨링이란, 딥러닝 모델이 목적에 맞게 추론할 수 있도록 학습 데이터를 가공하는 작업을 의미한다.

본 교재에서는 데이터 라벨링을 하기 위해 Roboflow[16]를 활용한다. Roboflow에서는 데이터 라벨링 작업을 위한 다양한 도구들을 제공한다. 본 교재에서는 Roboflow에서 라벨링하는 방법을 간략히 설명하지만, 독자들이 본 교재를 접하는 시점에 따라 일부 내용의 변경이 있을 수 있다. 따라서 Roboflow에서 제공하는 튜토리얼[17] 또한 참고하며 실습을 진행할 것을 권장한다.

13.2.1. Roboflow 사이트 접속

Roboflow에 접속하면 그림 13.2.1과 같이 메인 화면이 나타난다. 우측 상단의 "Sign In" 버튼을 클릭하면 그림 13.2.2와 같이 로그인 및 회원가입을 진행하기 위한 초기 창이 나타난다. 각자 원하는 방식대로 로그인 및 회원가입을 진행하면 된다.

• • •

16) https://roboflow.com/
17) https://blog.roboflow.com/getting-started-with-roboflow/

그림 13.2.1. Roboflow 메인 화면

그림 13.2.2. 로그인 / 회원가입 초기 창

13.2.2. Workspace 생성

Roboflow에 처음 계정을 생성하고 로그인을 하면 처음에 Workspace를 생성하기 위한 창이 나타난다. 라벨링 Workspace 이름을 각자 원하는 대로 입력하고, 무료/유료 버전을 선택한다. 무료 버전은 데이터셋이 공개되고, 기능이 제한된다. 유료 버전은 데이터셋을 작업자만 볼 수 있게 비공개로 설정할 수 있고, 다양한 기능들을 활용할 수 있다. 본 교재에서는 무료 버전을 기준으로 설명한다. 모든 설정을 완료하면 "Create Workspace"를 클릭한다.

그림 13.2.3. Workspace 생성 창

Workspace를 생성하면 같이 작업할 인원을 초대할 수 있는 창이 나타난다. 라벨링을 같이 진행할 동료가 있다면, 해당 인원의 메일을 입력하여 초대를 하면 된다. 무료 버전의 경우, 팀원은 최대 2명까지 초대가 가능하여, 본인 포함 최대 3인 1조로 라벨링 작업을 공유할 수 있다. 팀원 추가는 나중에도 할 수 있으므로, "Skip"을 눌러도 된다.

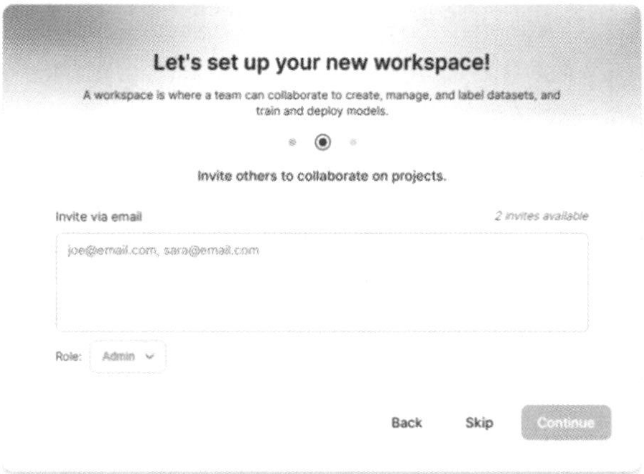

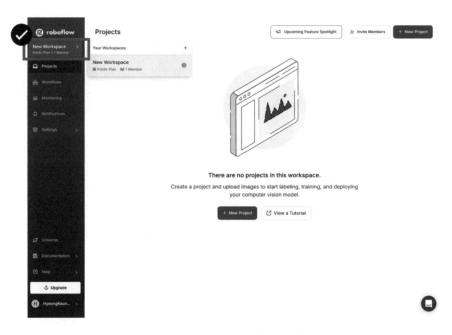

그림 13.2.3. Workspace 생성 창

그림 13.2.5. Workspace 내부 메인 화면

팀원 추가 과정을 마치면 생성한 Workspace 내부의 메인 화면이 나타난다. 그림 13.2.5와 같이 좌측 상단의 Workspace 선택 창에서 여러 Workspace 중 작업할 Workspace를 선택하거나, 새로운 Workspace를 생성할 수 있다. 이를 통해 각기 다른 라벨링 작업마다 Workspace를 설정하여 효율적으로 작업할 수 있다.

13.2.3. Project 생성

Workspace 내부 메인 화면에서 좌측의 "Project"를 선택하면 Workspace 내부에 있는 여러 가지 프로젝트 목록이 나타난다. "New Project"를 선택하면 새로운 Project를 생성하기 위한 화면이 나타난다.

그림 13.2.6. Projects 탭에서 New Project 선택

Project 생성 창에서는 프로젝트 이름과, Annotation Group, Project Type 을 지정한 뒤 프로젝트를 생성할 수 있다. 프로젝트 이름은 독자들이 선호하는 프로젝트 이름을 정하도록 한다. Annotation Group은 데이터셋에서 라벨링 된 객체들을 하나로 묶는 범주 또는 카테고리를 의미한다. 본 교재에서는 자율주행을 위한 도로 환경 데이터를 다루기 때문에, "road-objects"로 설정할 것을 권장한다. Project Type은 "Instance Segmentation"을 선택하도록 한다. 모든 설정을 완료하면 화면 하단의 "Create Public Project"를 선택하도록 한다.

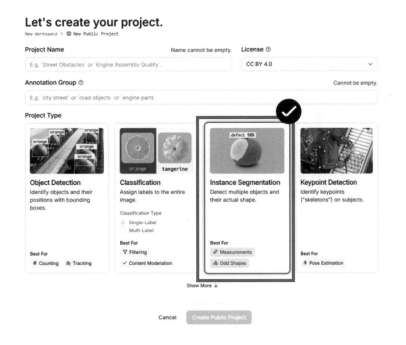

그림 13.2.7. Project 생성 창

13.2.4 이미지 업로드

Project를 생성하면 해당 프로젝트 내부의 데이터 업로드 창이 나타난다. 해당 창에 13.1절에서 다운로드 받은 데이터셋을 압축 해제 후 업로드 한다.

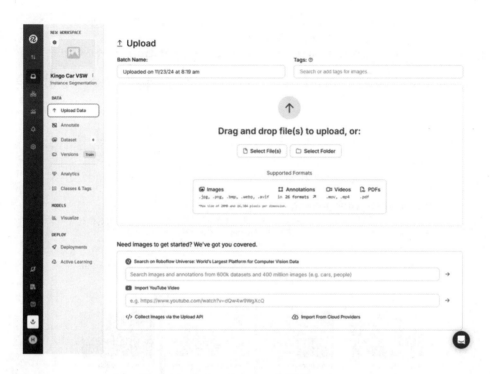

그림 13.2.8. 데이터 업로드 창

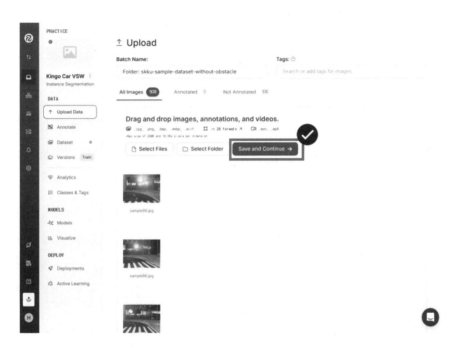

그림 13.2.9. 데이터 업로드 후 Save and Continue 클릭

13.2.5 이미지 할당

데이터를 업로드한 이후, 좌측 메뉴의 "Annotate"를 선택하면 데이터 라벨링의 3가지 단계인 "Unassigned 단계", 'Annotating 단계", "Dataset 단계"가 나타난다. "Unassigned 단계"는 아직 누가 작업할지 할당이 되지 않은 상태를 의미한다. "Annotating 단계"는 누가 작업할지 할당이 되었으며, 작업을 진행하고 있는 단계를 의미한다. "Dataset 단계'는 라벨링 작업을 마친 단계로, 모델 학습을 위한 준비가 끝난 이미지들이 이 단계에 놓이게 된다. 그림 13.2.10과 같이 "Unassigned 단계"에 놓인 이미지 데이터에서 "Annotate Images"를 선택하고, 그림 13.2.11과 같이 "Start Manual Labeling"을 선택한다.

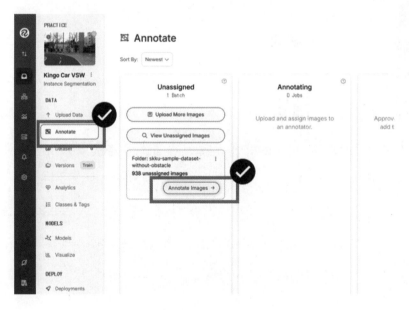

그림 13.2.10. Annotate 탭의 Annotate Images 클릭

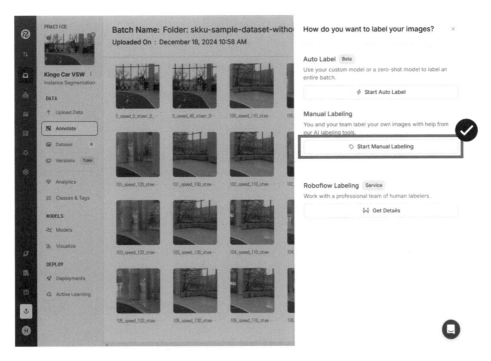

그림 13.2.11. Start Manual Labeling 클릭

라벨링 작업은 혼자서 진행할 수도 있고, 여러 팀원이 함께 작업할 수 있다. 혼자서 작업할 때는 그림 13.2.12의 화면에서 "Assign to Myself"를 선택하면 된다. 여럿이서 작업할 때는 "Invite Teammate"를 선택하고, 팀원의 Roboflow 계정 메일을 입력하면 그림 13.2.13과 같이 팀원 초대가 되었다는 탭이 추가된다. 초대 받은 팀원은 본인의 메일을 확인하여 초대를 수락하여 같이 작업할 수 있다. 초대가 완료되면 "Assign to n Teammates" 버튼을 선택하여 작업을 할당한다(n은 팀원 수이다).

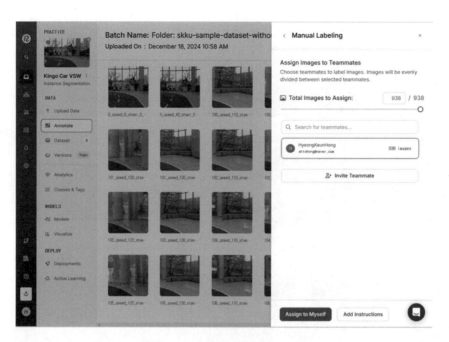

그림 13.2.12. 이미지 할당(개인 할당)

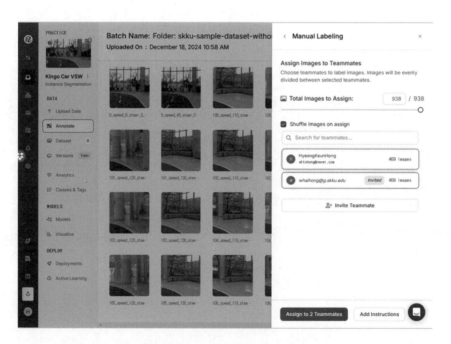

그림 13.2.13. 이미지 할당(2인 할당)

할당이 완료되면 "Unassigned 단계"에 있던 이미지들이 "Annotating 단계"로 이동되어 각 팀원별로 할당된 분량이 표시된다.

그림 13.2.14. 할당 완료

13.2.6 라벨링 진행

그림 13.2.14에서 본인 계정에 할당된 이미지의 "Start Annotating" 버튼을 선택하면 라벨링 작업을 진행할 수 있다. 그림 13.2.15는 Roboflow에서 제공하는 segmentation 모델의 추론 성능을 높이기 위한 Tip 팝업이다. 팝업의 좌측 이미지는 정교하지 않게 작업한 반면, 우측 이미지는 테두리와 거의 일치하게 작업을 하였다. 좋은 추론 성능을 위해서는 우측 이미지와 같이 엄격하게 테두리를 지키며 라벨링을 진행하여야 한다.

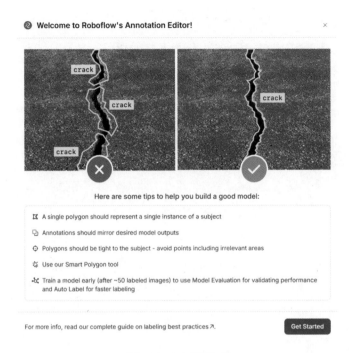

그림 13.2.15. 라벨링 Tip

그림 13.2.16은 라벨링을 시작한 첫 화면이다. Roboflow에서는 라벨링을 편하게 하기 위한 여러 가지 Tool들을 제공한다. 본 교재에서는 가장 기본적인 Tool을 활용하여 라벨링을 하는 방법을 익히고, 추가적인 Tool은 Roboflow에서 제공하는 튜토리얼[18]을 참고하여 익힐 것을 권장한다.

그림 13.2.16과 같이 화면 우측의 "Polygon Tool" 항목을 선택한다. "Polygon Tool"은 마우스 포인터를 이용해 자유롭게 다각형을 그리는 방식으로 라벨링을 할 수 있게 지원하는 Tool이다.

• • •

18) https://blog.roboflow.com/getting-started-with-roboflow/

그림 13.2.16. Polygon Tool 선택

그림 13.2.17, 그림 13.2.18과 같이 도로의 바깥쪽 차선 영역을 라벨링한다. 마우스 좌측 버튼을 클릭할 때마다 다각형의 꼭짓점이 형성되며, 처음 꼭짓점을 클릭하면 다각형이 완성된다. 다각형을 완성한 이후에는 상단의 Annotation Editor에 class 이름을 "lane2"라고 입력한다. "lane2"는 바깥쪽 차선인 2차로를 의미한다. 이후 원활한 실습을 위해 대소문자 및 띄어쓰기를 틀리지 않고, "lane2"와 일치하는 class 이름을 작성하도록 한다. "save" 버튼을 클릭하면 그림 13.2.19와 같이 화면 좌측에 "lane2" 항목이 생성됨을 확인할 수 있다. 라벨링이 완료되면 그림 13.2.20과 같이 다음 이미지로 넘어가도록 한다.

그림 13.2.17. 바깥쪽 차선 라벨링(진행중 모습)

그림 13.2.18. 바깥쪽 차선 라벨링(완료 모습), lane2 입력 후 save

그림 13.2.19. classes 목록에 lane2 생성 확인

그림 13.2.20. 라벨링 완료 후 다음 이미지로 넘어가기

그림 13.2.21과 같이 신호등은 "traffic_light"라고 입력하고 신호등 테두리를 라벨링 하도록 한다. 이후 원활한 실습을 위해 대소문자 및 띄어쓰기를 틀리지 않고, "traffic_light"와 일치하는 class 이름을 작성하도록 한다. 그림 13.2.22와 같이 횡단보도 구간에서는 "lane2" 영역을 횡단보도의 우측 영역으로 라벨링 한다.

그림 13.2.21. 신호등 라벨링 - traffic_light 입력 후 save

그림 13.2.22. 횡단보도 부근 lane2 라벨링

13.2.7. 라벨링 완료 이미지 Dataset으로 변환

본 절에서는 라벨링 완료된 이미지를 13.2.5절에서 언급한 "Dataset 단계"로 이동하는 방법을 설명한다.

그림 13.2.23과 같이 라벨링이 완료된 이미지들을 확인하기 위한 탭에 들어가면 우측 상단에 "Add n Images to Dataset" 버튼이 있다(n은 라벨링 작업을 완료한 이미지 개수이다).

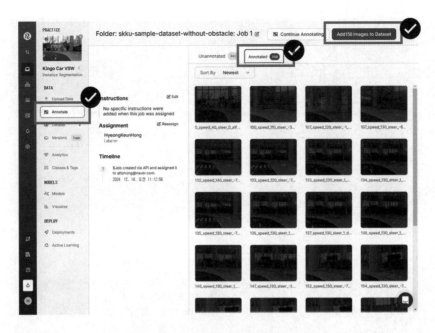

그림 13.2.23. Add Images to Dataset

"Add n Images to Dataset"을 선택하면 그림 13.2.24와 같이 Train/Valid/ Test 데이터 비율을 선택하는 바가 나타난다. Train 데이터는 학습용 데이터 이다. Valid 데이터는 학습 중간에 학습이 잘 이루어지고 있는지 검증하기 위 한 데이터이다. Test는 학습을 마치고 최종적으로 모델 성능을 검증하기 위 한 데이터이다. 본 실습에서 최종 검증은 실제 주행 환경에서 진행하거나, 주 행용 시뮬레이션 영상을 활용하기 때문에, Test 데이터셋의 비율은 0으로 설 정하도록 한다. 마우스 드래그를 사용하여 Train:Valid:Test 비율을 90:10:0 정도로 설정하는 것이 적절할 것이다.

그림 13.2.24. Train/Valid/Test 비율 설정

Train/Valid/Test 비율 설정이 완료되면 그림 13.2.25와 같이 좌측 메뉴의 "Dataset" 탭을 선택하면 "Dataset 단계"로 이동이 완료된 이미지들을 확인할 수 있다.

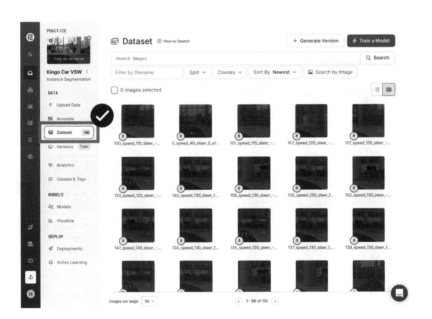

그림 13.2.25. Dataset 탭 확인

13.2.8. 학습 데이터 Version 생성

본 절에서는 Dataset 이미지들을 전처리 및 증식하여 모델 학습에 적합한 형태의 Version을 생성하는 방법을 다룬다. 각 Version은 Dataset의 특정 상태를 나타낸다. Dataset을 학습용으로 준비하는 과정에서 다양한 설정(이미지 크기 조정, 데이터 증강 등)을 적용할 수 있는데, 이러한 설정의 조합을 하나의 Version으로 저장할 수 있다. 이를 통해 동일한 Dataset에서 서로 다른 학습 실험을 진행할 수 있다.

그림 13.2.26과 같이 Roboflow에서 좌측 메뉴의 "Versions" 탭에서 "New Version"을 선택하면 새로운 Version을 생성할 수 있는 창이 나타난다.

그림 13.2.26. Versions 탭 확인

"Source Images"는 새로운 Version을 생성할 때 사용할 라벨링 된 Dataset을 선택하는 단계이다. Roboflow에서는 13.2.7절에서 생성했던 Dataset을 Default로 선택한다.

"Train/Test/Split"은 Train:Valid:Test 비율을 선택하는 단계이다. Roboflow에서는 13.2.7절에서 Dataset을 생성할 때 설정했던 비율을 Default로 설정한다.

"Preprocessing"은 학습할 Dataset에 대한 전처리를 어떻게 진행할지 설정하는 단계이다. 이미지 크기 조정, 밝기 조정 등 다양한 전처리 옵션을 설정할 수 있다. 본 실습에서는 Roboflow에서 Default로 제공하는 전처리 설정을 따라가도 무방하다. 설정 후 "Continue"를 선택하면 다음 단계로 이동한다.

"Augmentation"은 데이터를 다양한 방식으로 증강하여 모델 학습에 필요한 데이터를 증가시키는 단계이다. 회전, 뒤집기, 색상 변경, 노이즈 추가 등의 기법을 통해 기존 데이터를 변형함으로써 마치 새로운 데이터를 추가한 것과 같은 효과를 얻을 수 있다. 딥러닝 모델은 일반적으로 학습 데이터의 양이 많을수록 다양한 상황에 더 잘 적응할 수 있으므로 학습 데이터가 제한적인 경우에 Augmentation이 매우 중요한 역할을 한다. Augmentation 시에는 실제 환경에서 나타날 가능성이 없는 비현실적인 데이터가 생성되지 않도록 주의해야 한다.

그림 13.2.27. Augmentation 기법 추가

　　그림 13.2.27과 같이 "Add Augmentation Step"을 선택하여 Augmentation 기법을 추가할 수 있다. 그림 13.2.28에서 적절한 Augmentation 기법을 선택하면 된다. 그림 13.2.29는 Rotation 기법을 적용하기 위한 창이다. 회전 각도 범위를 설정하여 적용할 수 있다. Rotation 기법 이외에도 적절한 기법을 여러 가지 추가할 수 있다.

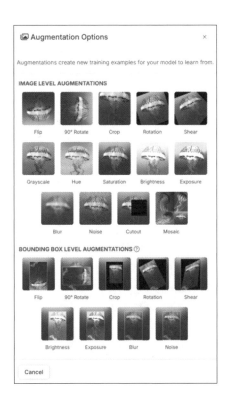

그림 13.2.28. Augmentation 기법 선택

그림 13.2.29. Rotation 기법 설정 창

"Create"는 최종적으로 학습시킬 데이터를 확정하는 단계이다. 이 단계에서는 설정한 Augmentation 기법을 통해 학습 데이터를 몇 배로 증강 시킬 것인지를 정할 수 있는데, 무료 버전에서는 3배 증강까지 지원한다. 그림 13.2.30과 같이 "Create"를 선택하여 학습 데이터를 확정하면 Version이 생성된다.

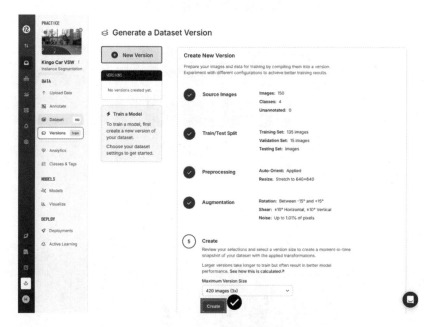

그림 13.2.30. Version 생성

13.3. 딥러닝 모델 학습

본 절에서는 13.2절에서 생성한 학습 데이터를 활용하여 딥러닝 모델을 학습하는 방법을 다룬다. 딥러닝 모델을 학습시킨 추론 파일을 생성하는 것을 목표로 하고, 딥러닝 모델을 자율주행 환경에서 실시간으로 활용하는 내용은 15장에서 다룬다.

13.3.1. Google Colab 실행

본 절에서는 딥러닝 모델 학습을 위해 사용되는 Google Colab 환경을 소개한다. Google Colab은 브라우저 기반의 인터페이스로, 강력한 GPU 및 TPU를 무료로 활용할 수 있는 도구이다. 이를 통해 대규모 딥러닝 작업이 가능하며, Python 코드를 코드 셀 단위로 작성하고 실행할 수 있어 단계별로 실험을 진행하기에 용이하다. 또한, 작업 내용이 Google Drive에 자동으로 저장되므로 환경 설정과 데이터 관리가 간편하다. Google Colab은 딥러닝 모델 학습과 연구를 위한 강력한 플랫폼으로 널리 활용되고 있다.

그림 13.3.1과 같이 Google 사이트에 접속하여 로그인 후, Google 드라이브에 접속한다.

그림 13.3.1. Google 드라이브 접속

Google 드라이브에서 그림 13.3.2와 같이 신규 항목 추가를 선택한다. 그림 13.3.3과 같이 "Google Colaboratory"를 선택한다. 만일 해당 항목이 없으면, '연결할 앱 더보기'를 선택 한 후, 그림 13.3.4와 같이 Colaboratory를 검색하여 설치한 뒤 다시 신규 항목 추가에서 "Google Colaboratory"를 선택한다.

그림 13.3.2. 신규 항목 추가

그림 13.3.3. Google Colaboratory 선택(없는 경우 연결할 앱 더보기 선택)

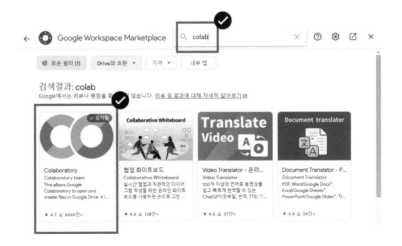

그림 13.3.4. Google Colaboratory 설치

13.3.2. Google Colab 환경 소개

Google Colab에서는 Python 코드를 코드 셀 단위로 작성하고 실행할 수 있다. 그림 13.3.5와 같이 마우스 포인터를 셀 위에 올리면, 코드 셀을 추가할 수 있다. 그림 13.3.6은 코드 셀을 여러개를 추가한 모습이다. 그림 13.3.7과 같이 여러 파이썬 코드를 작성하여 코드 셀 단위로 독립적으로 실행할 수 있다.

그림 13.3.5. 코드 셀 추가

그림 13.3.6. 여러 개의 코드 셀 생성

그림 13.3.7. 코드 셀에서 파이썬 코드 실행

13.3.3. ultralytics 설치 및 import

본 절에서는 ultralytics를 Google Colab 환경에 설치하고, 해당 모듈 im-
port를 진행한다. ultralytics는 YOLO(You Only Look Once) 기반의 딥러닝 라
이브러리로, 객체 탐지, 추적, 세그멘테이션 등의 기능을 간단한 인터페이스
로 제공한다.

그림 13.3.8에 나타난 바와 같이 코드를 작성하고, 3개의 코드 셀을 위에
서부터 순차적으로 실행한다. 3번째 코드 셀을 실행하였을 때, 그림 13.3.9

와 같이 나타나면 정상적으로 import가 완료된 것이다.

그림 13.3.8. ultralytics 설치 및 import 코드 작성 후 실행

```
[2] from IPython import display
    display.clear_output()

[3] import ultralytics
    ultralytics.checks()

    Ultralytics YOLOv8.0.196 🚀 Python-3.10.12 torch-2.5.1+cu121 CUDA:0 (Tesla T4, 15102MiB)
    Setup complete ✅ (2 CPUs, 12.7 GB RAM, 32.7/112.6 GB disk)
```

그림 13.3.9. ultralytics 설치 및 import 결과 확인

13.3.4. Roboflow Dataset을 Colab에 불러오기

본 절에는 4.3.2절에서 생성한 라벨링 된 Dataset Version을 Colab에 불러온다. 그림 13.3.10과 같이 Roboflow에서 "Download Dataset"을 선택한 뒤, 그림 13.3.11과 같이 "YOLOv8", "Show Download Code"를 선택한다. 그림 13.3.12와 같이 나타난 다운로드용 코드를 복사하여 그림 13.3.13과 같이 Colab에 붙여넣기 한 후 실행한다.

그림 13.3.10. Download Dataset 선택

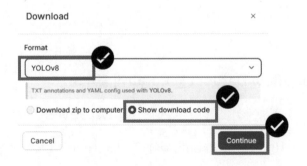

그림 13.3.11. 다운로드 형식 및 방법 선택

그림 13.3.12. 다운로드용 코드 복사하기

그림 13.3.13. 다운로드용 코드 붙여넣기 후 실행

13.3.5. 학습 코드 실행

그림 13.3.14에 나타난 코드를 실행하면 학습이 시작된다. 학습이 완료되면 그림 13.3.15와 같이 best.pt 파일이 생성되었음을 확인할 수 있다. 해당 파일은 학습이 완료된 추론 파일로, 이후 5절에서 카메라 센서를 활용한 실시간 도로 환경 인지에 활용할 파일이다. 해당 파일을 다운로드 후, 3.8절에서 받았던 실습 코드 디렉터리인 ~/ros2_ws 경로에 위치시키도록 한다.

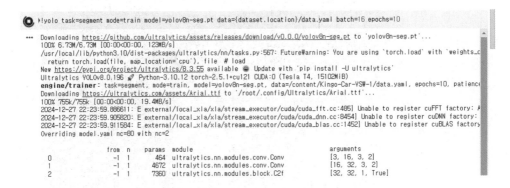

그림 13.3.14. 학습 코드 실행

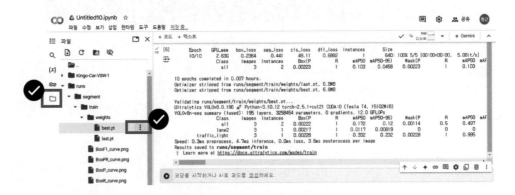

그림 13.3.15. 추론 파일 저장

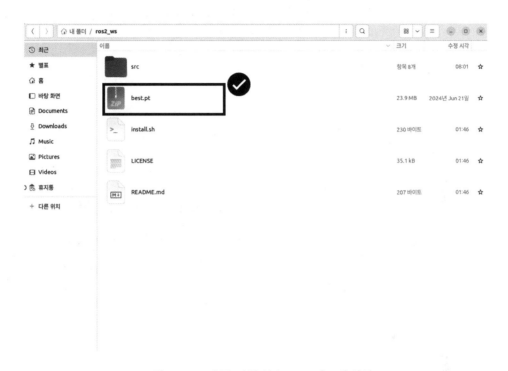

그림 13.3.16. 추론 파일 실습 코드 경로에 삽입

14장
image publisher node

image_publisher_node는 camera_perception_pkg를 구성하는 노드 중 하나로서, 카메라 센서로부터 이미지를 실시간으로 읽어와서 토픽으로 발행하는 노드이다. 옵션을 통해 실시간 카메라 센서 이미지 대신에 저장소에 저장된 이미지나 비디오를 발행할 수도 있다.

14.1. 노드 실행

Terminator에 아래 명령을 입력하여 ros2_ws로 이동한다.

```
cd ~/ros2_ws
```

Terminator에 아래 두 개 명령을 입력하여 소싱한다.

```
source /opt/ros/humble/setup.bash
```

```
source ./install/local_setup.bash
```

Terminator에 아래 명령을 입력하여 노드를 실행한다.

```
ros2 run camera_perception_pkg image_publisher_node
```

노드를 실행하면 그림 14.1.1과 같이 도로 환경 영상이 나타난다. 이는 image_publisher_node가 도로 환경 영상을 토픽으로 발행하고 있는 것을 나타낸 것이다.

그림 14.1.1. 도로 환경 영상

14.2. 코드 분석

본 절에서는 노드의 기능을 활용하기 위한 코드 분석을 한다. 노드의 모든 코드 내용을 분석하는 것이 아닌, 노드를 잘 사용할 수 있을 정도로 코드를 알아보는 것을 목표로 한다.

14.2.1. 파라미터 설정

그림 14.2.1은 image_publsher_node.py의 코드 중 파라미터를 설정하는 부분이다.

```
#----------Variable Setting----------
# Publish할 토픽 이름
PUB_TOPIC_NAME = 'image_raw'

# 데이터 입력 소스: 'camera', 'image', 또는 'video' 중 택1하여 입력
DATA_SOURCE = 'video'

# 카메라(웹캠) 장치 번호 (ls /dev/video* 명령을 터미널 창에 입력하여 확인)
CAM_NUM = 0

# 이미지 데이터가 들어있는 디렉토리의 경로를 입력
IMAGE_DIRECTORY_PATH = 'src/camera_perception_pkg/camera_perception_pkg/lib/Collected_Datasets/sample_dataset'

# 비디오 데이터 파일의 경로를 입력
VIDEO_FILE_PATH = 'src/camera_perception_pkg/camera_perception_pkg/lib/Collected_Datasets/driving_simulation.mp4'

# 화면에 publish하는 이미지를 띄울것인지 여부: True, 또는 False 중 택1하여 입력
SHOW_IMAGE = True

# 이미지 발행 주기 (초)  소수점 필요 (int형은 반영되지 않음)
TIMER = 0.03
#----------
```

그림 14.2.1. 파라미터 설정

PUB_TOPIC_NAME은 발행하는 정보에 대한 이름이다. 이 노드에서는 이미지 정보를 실시간으로 발행한다. 해당 정보를 필요로 하는 다른 노드에서는 이 노드의 PUB_TOPIC_NAME과 일치하는 이름을 통해 이미지 정보를 구독할 수 있다(이후 그림 15.2.3과 그림 17.2.1에서 일치하는 이름을 통해 이미지 정보를 구독한다).

DATA_SOURCE 는 "camera", "image", "video" 중에 하나를 선택하여 입력할 수 있다. "image"와 "video"는 저장소에 저장된 이미지나 비디오를 실시간으로 발행하는 옵션이며, "camera"는 실시간으로 카메라 센서 정보를 발행하는 옵션이다.

CAM_NUM은 DATA_SOURCE로 "camera"를 선택하였을 때, 읽어올 카메라의 포트 번호에 대한 파라미터이다. 웹캠 카메라를 연결하기 전 후로 아래의 명령을 통해 새롭게 추가된 디바이스의 번호를 입력하도록 한다(예를 들어, /dev/video2 라고 나타나면 2를 입력한다.). 이는 10.1.1절에서 아두이노 장치를 연결할 때와 동일한 절차로 카메라의 포트 번호를 알아내는 것이니, 참고하길 바란다.

```
ls /dev/video*
```

IMAGE_DIRECTORY_PATH와 VIDEO_FILE_PATH는 DATA_SOURCE로 "image"나 "video"를 선택하였을 때, 읽어올 파일의 경로에 대한 파라미터이다. 실습 코드에서 기본적으로 제공한 이미지와 비디오 파일의 경로가 초기 값으로 설정되어 있다.

SHOW_IMAGE는 노트북 PC 화면에 발행하는 이미지를 띄울 것인지 여부를 작성하는 boolean 파라미터이다.

TIMER는 이미지를 몇 초에 한 번씩 발행할 것인지를 설정하는 파라미터이다. 기본 값은 0.03초로 되어 있다.

각 파라미터를 자유롭게 변경하여 코드를 저장한 후, 노드를 재실행 시켜보면서 노드 기능의 변화를 확인하길 바란다.

14.2.2. 타이머 콜백 함수

타이머 콜백 함수는 설정한 시간 주기마다 자동으로 호출되는 함수이다. ROS 2의 create_timer 메서드를 사용하여 시간 주기와 호출할 함수를 인자로 지정하면, 해당 시간 주기마다 지정된 함수가 자동으로 실행된다.

그림 14.2.2의 92번째 줄은 create_timer 메서드를 통해 타이머를 생성하는 코드이다. 첫 번째 인자인 self.timer_period는 시간 주기를 나타내며, 이는 14.2.1절에서 설정한 TIMER 파라미터 값이 저장되어 전달된다. 두 번째 인자는 타이머 콜백 함수로, 타이머가 주기적으로 호출할 작업이 정의된 함수이다. 해당 콜백 함수는 그림 14.2.2의 94번째 줄에 정의되어 있다.

타이머 콜백 함수는 14.2.1절에서 설정한 DATA_SOURCE 파라미터 값에 따라 동작을 결정한다. 이는 if문 블록으로 구성되어 있으며, 코드 폴딩 (5.3.2절 참조)을 통해 DATA_SOURCE를 "video"로 설정한 경우의 동작만을 간결히 나타내었다.

```
91      self.publisher = self.create_publisher(Image, self.pub_topic, self.qos_profile)
92      self.timer = self.create_timer(self.timer_period, self.timer_callback)
93
94  def timer_callback(self):
95 >     if self.data_source == 'camera':
107 >    elif self.data_source == 'image':
130      elif self.data_source == 'video':
131          ret, img = self.cap.read()
132          if ret:
133              img = cv2.resize(img, (640, 480))
134              image_msg = self.br.cv2_to_imgmsg(img)
135              image_msg.header = Header()
136              image_msg.header.stamp = self.get_clock().now().to_msg()
137              image_msg.header.frame_id = 'image_frame'
138              self.publisher.publish(image_msg)
139              print(image_msg.header)
140              if self.logger:
141                  cv2.imshow('Video Frame', img)
142                  cv2.waitKey(1)
143          else:
144              self.cap.set(cv2.CAP_PROP_POS_FRAMES, 0)  # Reset video to the first frame
```

그림 14.2.2. 타이머 콜백 함수 및 퍼블리셔 설정

14.2.3. 퍼블리셔 설정

ROS 2의 퍼블리셔는 특정 토픽으로 데이터를 발행하기 위한 객체이다. 퍼블리셔를 생성할 때 메시지 타입과 발행할 토픽 이름을 지정하며, 이후 publish 메서드를 호출하면 해당 데이터가 설정된 토픽으로 발행된다.

그림 14.2.2의 91번째 줄은 ROS 2의 create_publisher 함수를 통해 퍼블리셔를 생성하는 부분이다. 첫 번째 인자는 발행할 데이터의 메시지 타입으로, image_publisher_node에서는 이미지 데이터를 발행하므로 Image 타입을 사용한다. 두 번째 인자는 발행할 토픽의 이름이다. self.pub_topic 변수에는 14.2.1절에서 설정한 PUB_TOPIC_NAME 파라미터 값이 저장되어 있다. 세 번째 인자인 self.qos_profile은 QoS 설정으로, 데이터 전달의 신뢰성 및 성능을 조정하는 옵션이다. QoS는 초보자에게 필수 학습 항목은 아니므로, 실습 경험을 쌓은 후 심화 학습 주제로 학습하는 것이 적절하다.

그림 14.2.2의 138번째 줄은 생성된 퍼블리셔를 사용하여 데이터를 발행하는 코드이다. self.publisher는 91번째 줄에서 생성된 퍼블리셔 객체로, publish 메서드를 호출하여 데이터를 발행한다. 이때, publish 메서드의 인자로 발행할 메시지 데이터를 전달하면, 퍼블리셔는 해당 데이터를 설정된 토픽으로 발행한다.

138번째 줄의 데이터 발행 코드는 타이머 콜백 함수 내부에 위치하며, TIMER 파라미터 값으로 설정된 시간 주기마다 한 번씩 데이터를 발행하도록 되어 있다. 이를 통해 주기적으로 이미지 데이터를 발행할 수 있다.

15장

yolov8 node

yolov8_node는 camera_perception_pkg를 구성하는 노드 중 하나로서, im-age_publisher_node에서 발행한 이미지 데이터를 구독한 뒤, 해당 이미지에 대해 실시간으로 yolov8 기반 딥러닝 추론을 한 결과를 토픽으로 발행하는 노드이다.

15.1. 노드 실행

Terminator를 2개 화면으로 분할한 뒤, 한 쪽 화면에서는 14장을 참조하여 image_publisher_node를 실행시키고, 다른 쪽 화면에서는 아래 절차를 통해 yolov8_node를 실행시킨다.

아래 명령을 입력하여 ros2_ws로 이동한다.

```
cd ~/ros2_ws
```

아래 명령을 입력하여 ros2_ws 경로에 best.pt 파일이 존재하는지 확인한다. 만일 해당 파일이 없다면, 그림 13.3.16을 참고하여 best.pt 파일을 ros2_ws 경로에 삽입하길 바란다.

```
ls
```

아래 두 개 명령을 입력하여 소싱한다.

```
source /opt/ros/humble/setup.bash
```

```
source ./install/local_setup.bash
```

아래 명령을 입력하여 노드를 실행한다.

```
ros2 run camera_perception_pkg yolov8_node
```

다른 터미널 창에서 아래 명령을 입력하여 실행중인 노드 목록과 토픽 정보를 확인한다(11.5절 참조).

```
rqt_graph
```

그림 15.1.1은 image_publisher_node와 yolov8_node를 실행한 후의 rqt_graph이다. 두 노드가 실행 중이며, /image_raw라는 이름의 토픽을 통해 이미지 정보를 발행 및 구독 중임을 확인할 수 있다(그림 14.2.1에서 PUB_TOPIC_NAME을 "image_raw"로 지정한 결과이다).

그림 15.1.1. rqt_graph

15.2. 코드 분석

본 절에서는 노드의 기능을 활용하기 위한 코드 분석을 한다. 노드의 모든 코드 내용을 분석하는 것이 아닌, 노드를 잘 사용할 수 있을 정도로 코드를 알아보는 것을 목표로 한다.

15.2.1. 파라미터 설정

그림 15.2.1은 yolov8_node.py의 코드 중 파라미터를 설정하는 부분이다.

```python
class Yolov8Node(LifecycleNode):

    def __init__(self, **kwargs) -> None:
        super().__init__("yolov8_node", **kwargs)

        #---------------Variable Setting---------------
        # 딥러닝 모델 pt 파일명 작성
        #self.declare_parameter("model", "yolov8m.pt")
        self.declare_parameter("model", "best.pt")

        # 추론 하드웨어 선택 (cpu / gpu)
        self.declare_parameter("device", "cpu")
        #self.declare_parameter("device", "cuda:0")
        #----------------------------------------------
```

그림 15.2.1. 파라미터 설정

"딥러닝 모델 pt 파일명 작성" 부분에서, "best.pt"라고 적혀있는 부분은 13장에서 학습시킨 모델 pt 파일의 이름을 입력하는 곳이다. 학습을 여러 번 시켜, 모델 파일을 여러 개 만든 뒤, 정확도가 높은 모델을 선택하고자 할 때 해당 파라미터를 유용하게 활용할 수 있다. "yolov8m.pt"를 입력하면 범용

yolov8 기반 segmentation 모델이 다운로드 되어 동작한다.

"추론 하드웨어 선택" 부분에서, "cpu"를 입력하면 딥러닝 모델 추론 연산이 cpu를 통해 진행되며, "cuda:0"을 입력하면 연산이 gpu를 통해 진행된다. 9장에서 gpu 드라이버를 정상적으로 설치한 독자라면 gpu를 선택하는 것을 권장한다.

15.2.2. 데이터 콜백 함수

데이터 콜백 함수는 ROS 2에서 특정 토픽의 메시지를 수신할 때 호출되는 함수이다. ROS 2의 create_subscription 메서드를 사용하여 수신하는 메시지 타입, 구독할 토픽 이름, 데이터 콜백 함수를 인자로 지정하여 서브스크라이버를 생성하면, 해당 토픽으로 전달되는 메시지가 있을 때마다 데이터 콜백 함수가 자동으로 실행된다.

그림 15.2.2은 create_subscription 메서드를 통해 서브스크라이버를 생성하는 코드이다. 첫 번째 인자는 구독할 데이터의 메시지 타입으로, yolov8_node에서는 이미지 데이터를 구독하므로 Image 타입을 사용한다. 두 번째 인자는 구독할 토픽의 이름이다. 14.2.1절에서 설정한 PUB_TOPIC_NAME과 동일한 이름으로 지정하여 해당 토픽을 구독할 수 있게 하였다. 세 번째 인자는 데이터 콜백 함수로, 메시지를 수신할 때마다 호출될 함수로 설정한다. self.image_cb 함수로 지정되었으며, 해당 함수의 정의는 그림 15.2.3에 표시하였다(코드 폴딩을 통해 간략히 나타내었다). 네 번째 인자는 QoS 설정으로, 메시지 전달 신뢰성 등을 설정하며, 이는 이후 심화 학습 주제로 다루는 것이 적절하다.

그림 15.2.3에 표시한 image_cb 함수는 "image_raw" 토픽 메시지가 수신

될 때마다 호출된다. 수신된 데이터는 msg 변수에 저장되며, 함수 내에서 이
데이터로 segmentation 모델에 대한 추론을 한다. 298번째 줄에서는 추론 결
과를 퍼블리셔를 통해 "detections" 토픽으로 발행한다.

```
# subs
self._sub = self.create_subscription(
    Image,
    "image_raw",
    self.image_cb,
    self.image_qos_profile
)
```

그림 15.2.2. 서브스크라이버 설정

```
248    def image_cb(self, msg: Image) -> None:
249        print(msg.header)
250
251        if self.enable:
252
253            # convert image + predict
254            cv_image = self.cv_bridge.imgmsg_to_cv2(msg)
255  >        results = self.yolo.predict(...
262            results: Results = results[0].cpu()
263
264  >        if results.boxes:...
267
268  >        if results.masks:...
270
271  >        if results.keypoints:...
273
274            # create detection msgs
275            detections_msg = DetectionArray()
276
277  >        for i in range(len(results)):...
295
296            # publish detections
297            detections_msg.header = msg.header
298            self._pub.publish(detections_msg)
299
300            del results
301            del cv_image
```

그림 15.2.3. "image_raw" 토픽에 대한 데이터 콜백 함수

15.2.3. 퍼블리셔 설정

그림 15.2.4는 퍼블리셔를 설정하는 부분이다. 14.2.3절에서는 create_publisher 메서드를 사용했지만, 본 절에서는 create_lifecycle_publisher 메서드를 사용하였다. create_lifecycle_publisher 메서드는 create_publisher 메서드에 상태관리 기능이 추가된 메서드이다. 첫 번째 인자와 두 번째 인자의 역할은 create_publisher 메서드와 동일하다. 첫 번째 인자로 DetectionArray라는 데이터 타입, 두 번째 인자로 "detections" 라는 이름의 토픽이 전달되었음을 확인할 수 있다. DetectionArray 데이터 타입의 구성은 15.3절에서 데이터 출력을 통해 확인하며, 이 데이터 타입의 정의는 이후 6부에서 다루도록 한다.

create_lifecycle_publisher 메서드의 상태 관리 기능은 초보자에게 필수 학습 항목은 아니므로, 현재는 create_publisher와 유사한 방식으로 사용되며, 추가적인 상태 관리 기능을 제공한다는 점만 인지하고 넘어가도록 한다. 이러한 기능은 실습 경험을 쌓은 후 심화 주제로 학습하는 것이 적절하다.

```
self._pub = self.create_lifecycle_publisher(
    DetectionArray, "detections", 10)
```

그림 15.2.4. 퍼블리셔 설정

15.3. topic echo 활용 추론 결과 확인

11.6절에서 사용했던 topic echo 명령을 활용하여 추론 결과를 확인할 수 있다. 15.2.2절의 퍼블리셔 설정에서 지정한 yolov8_node가 발행하는 토픽 이름은 "detections" 이다. 해당 토픽을 모니터링하기 위해 아래와 같은 명령

을 실행한다.

```
ros2 topic echo /detections
```

/detections 토픽에서 발행하고 있는 정보는 그림 15.3.1과 같다.

/detections 토픽은 header 정보과 detections 정보로 구별된다.

header 정보에는 stamp, frame_id 정보가 있는데, 이는 각각 메시지가 생성된 시각과 메시지가 속한 좌표계의 ID를 나타낸다.

detections 정보에는 객체에 대한 정보가 있다. class_id는 특정 객체에 맵핑된 고유 아이디 값이다. class_name은 객체의 클래스 이름이다. score는 모델이 해당 객체를 예측한 신뢰도 정보이다. bbox는 객체의 테두리에 외접하는 사각형의 중심 좌표와 가로, 세로 길이 정보를 담는다. bbox3d는 객체가 3D 공간에서 위치하는 영역을 나타내는데, 이는 현재 기본 값으로 설정되어 있다. mask는 검출한 객체의 테두리 픽셀 좌표를 나열한 배열이다.

/detections 토픽을 구독하는 노드는 이처럼 다양한 객체 정보를 활용한 기능을 수행할 수 있다.

```
header:
  stamp:
    sec: 1736233116
    nanosec: 457601219
  frame_id: image_frame
detections:
- class_id: 0
  class_name: lane2
  score: 0.965094268321991
  id: ''
  bbox:
    center:
      position:
        x: 214.17222595214844
        y: 382.55377197265625
      theta: 0.0
    size:
      x: 427.5691223144531
      y: 194.4461669921875
  bbox3d:
    center:
      position:
        x: 0.0
        y: 0.0
        z: 0.0
      orientation:
        x: 0.0
        y: 0.0
        z: 0.0
        w: 1.0
    size:
      x: 0.0
      y: 0.0
      z: 0.0
    frame_id: ''
  mask:
    height: 480
    width: 640
    data:
    - x: 2.0
      y: 286.0
    - x: 2.0
      y: 377.0
    - x: 5.0
      y: 377.0
    - x: 7.0
      y: 379.0
    - x: 7.0
      y: 380.0
    - x: 8.0
      y: 381.0
    - x: 8.0
      y: 382.0
    - x: 9.0
      y: 383.0
    - x: 9.0
      y: 384.0
```

그림 15.3.1. echo 명령을 통한 추론 결과 확인

16장

yolov8 visualizer node

15.3절에서와 같이 echo 명령을 통해 추론 결과를 확인하면 추론이 정확하게 되었는지 확인하기 매우 어렵다. 따라서 추론 결과를 시각화하여 디버깅을 수월하게 하도록 할 필요가 있다. 이를 yolov8_visualizer_node가 지원한다. yolov8_visualizer_node는 debug_pkg를 구성하는 노드 중 하나로서, yolov8_node가 추론한 결과를 시각화한 이미지를 발행한다.

16.1. 노드 실행

Terminator를 3개 화면으로 분할한 뒤, 한 쪽 화면에서는 14장을 참조하여 image_publisher_node를, 다른 쪽 화면에서는 15장을 참조하여 yolov8_node를, 또 다른 쪽 화면에서는 아래 절차를 통해 yolov8_visualizer_node를 실행시킨다.

아래 명령을 입력하여 ros2_ws로 이동한다.

```
cd ~/ros2_ws
```

아래 명령을 입력하여 ros2_ws 경로에 best.pt 파일이 존재하는지 확인한다. 만일 해당 파일이 없다면, 그림 13.3.16을 참고하여 best.pt 파일을 ros2_ws 경로에 삽입하길 바란다.

```
ls
```

아래 두 개 명령을 입력하여 소싱한다.

```
source /opt/ros/humble/setup.bash
```

```
source ./install/local_setup.bash
```

아래 명령을 입력하여 노드를 실행한다.

```
ros2 run debug_pkg yolov8_visualizer_node
```

다른 터미널 창에서 아래 명령을 통해 rqt_graph를 실행하여 실행중인 노드 목록과 토픽 정보를 확인한다(11.5절 참조).

```
rqt_graph
```

그림 16.1.1은 image_publisher_node, yolov8_node, yolov8_visualizer_node를 모두 실행한 후의 rqt_graph이다. 세 노드가 실행중이며, 각 노드별로 주고 받는 토픽 이름도 확인 할 수 있다.

그림 16.1.1. rqt_graph

16.2. rviz 활용 추론 결과 확인

yolov8_visualizer_node에서 발행하는 이미지 데이터 토픽을 rviz를 활용하여 모니터링 할 수 있다. 11.7절을 참고하여 rviz를 실행한 뒤, 그림 11.7.1에서 "Add"를 클릭 한 후, 그림 11.7.2에서 "Images"를 선택한다.

이후, 그림 16.2.1과 같이 Image 탭의 Topic 항목에서 /yolov8_visualized_img를 선택한다. 그림 16.2.2와 같이 "lane2"와 "traffic_light"이 마스킹이 잘 나타나는지 확인한다. 추론이 잘 되지 않는 부분이 있으면 해당 부분의 데이터를 더 수집(26장 참조)하여 추가로 학습을 진행하도록 한다.

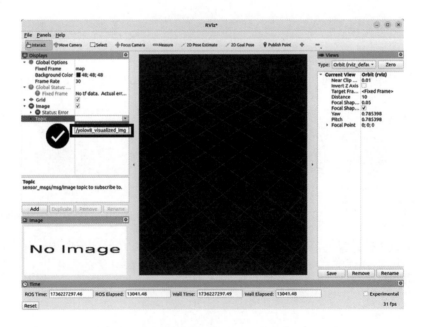

그림 16.2.1. Rviz에서 /yolov8_visualized_img 선택

그림 16.2.2. Rviz에서 추론 결과 확인

traffic light detector node

traffic_light_detector_node는 camera_perception_pkg를 구성하는 노드 중 하나로서, yolov8_node가 추론한 "traffic_light" 객체와 원본 이미지 데이터를 구독하여 신호등 색 정보를 문자열 자료형으로 발행하는 노드이다.

17.1. 노드 실행

Terminator를 3개 화면으로 분할한 뒤, 한 쪽 화면에서는 14장을 참조하여 image_publisher_node를, 다른 쪽 화면에서는 15장을 참조하여 yolov8_node를, 또 다른 쪽 화면에서는 아래 절차를 통해 traffic_light_detector_node를 실행시킨다.

아래 명령을 입력하여 ros2_ws로 이동한다.

```
cd ~/ros2_ws
```

아래 두 개 명령을 입력하여 소싱한다.

```
source /opt/ros/humble/setup.bash
```

```
source ./install/local_setup.bash
```

아래 명령을 입력하여 노드를 실행한다.

```
ros2 run camera_perception_pkg traffic_light_detector_node
```

다른 터미널 창에서 아래 명령을 입력하여 실행중인 노드 목록과 토픽 정보를 확인한다(11.5절 참조).

```
rqt_graph
```

그림 17.1.1은 image_publisher_node, yolov8_node, traffic_light_detector_node를 모두 실행한 후의 rqt_graph이다. 세 노드가 실행중이며, 각 노드별로 주고 받는 토픽 이름도 확인 할 수 있다.

그림 17.1.1. rqt_graph

17.2. 코드 분석

본 절에서는 노드의 기능을 활용하기 위한 코드 분석을 한다. 노드의 모든 코드 내용을 분석하는 것이 아닌, 노드를 잘 사용할 수 있을 정도로 코드를 알아보는 것을 목표로 한다.

17.2.1. 파라미터 설정

그림 17.2.1은 traffic_light_detector_node.py의 코드 중 파라미터를 설정하는 부분이다.

```
# ----------------Variable Setting-------------
# Subscribe할 토픽 이름
SUB_DETECTION_TOPIC_NAME = "detections"
SUB_IMAGE_TOPIC_NAME = "image_raw"

# Publish할 토픽 이름
PUB_TOPIC_NAME = "yolov8_traffic_light_info"

# -----------------------------------------
```

그림 17.2.1. 파라미터 설정

SUB_DETECTION_NAME은 yolov8_node에서 발행하는 "detections" 토픽이다.

SUB_IMAGE_TOPIC_NAME은 image_publisher_node에서 발행하는 "image_raw" 토픽이다.

PUB_TOPIC_NAME은 발행하는 정보에 대한 이름이다. 이 노드에서는 신호등 색 정보를 문자열 형태로 실시간으로 발행한다. 해당 정보를 필요로 하는 다른 노드에서는 이 노드의 PUB_TOPIC_NAME과 일치하는 문자열을 통해 신호등 색 정보를 구독할 수 있다.

17.2.2. 동기화 콜백 함수

traffic_light_detector_node에서는 "image_raw" 와 "detections" 토픽을 구독하는데, 이 두 토픽 간에 동기화가 필요하다. ROS 2는 이러한 동기화 처리를 위해 message_filters 라이브러리를 제공하며, 이를 통해 두 토픽의 데이터가 시간적으로 정렬되어 쉽게 처리될 수 있도록 지원한다.

```
14    from message_filters import ApproximateTimeSynchronizer, Subscriber
```

그림 17.2.2. message_filters 라이브러리 불러오기

그림 17.2.3은 message_filters의 Subscriber 와 ApproximateTimeSynchronizer 모듈을 사용하여 동기화를 한 부분이다. 첫 번째 줄과 두 번째 줄에서는 Subscriber 모듈을 사용하여 각각 "detections" 와 "image_raw" 토픽을 구독하기 위한 서브스크라이버를 생성한다. 세 번째 줄에서는 Approximate-TimeSynchronizer를 사용하여 두 서브스크라이버의 데이터를 동기화한다. 이는 메시지의 도착시간이 정확히 일치하지 않더라도 설정된 허용 오차 내에서 메시지를 정렬하여 함께 처리할 수 있도록 한다. 네 번째 줄에서는 sync_callback 함수를 동기화된 메시지를 처리하는 콜백함수로 등록한다. 이 함수는 "detections"와 "image_raw" 토픽의 데이터를 동시에 입력받아 필요한 작업을 수행하는 동기화 콜백 함수로, 그림 17.2.5에 해당 함수의 정의를 나타

내었다.

```
self.detection_sub = Subscriber(self, DetectionArray, self.sub_detection_topic, qos_profile=self.qos_profile)
self.image_sub = Subscriber(self, Image, self.sub_image_topic, qos_profile=self.qos_profile)
self.ts = ApproximateTimeSynchronizer([self.detection_sub, self.image_sub], queue_size=1, slop=0.5)
self.ts.registerCallback(self.sync_callback)

self.publisher = self.create_publisher(String, self.pub_topic, self.qos_profile)
```

그림 17.2.3. 동기화 콜백 함수

17.2.3. 퍼블리셔 설정

그림 17.2.4은 퍼블리셔를 설정하는 부분이다. 14.2.3절에서와 같이, create_publisher 메서드를 사용하여 퍼블리셔를 설정한다. 첫 번째 인자는 발행할 데이터의 메시지 타입으로, traffic_light_detector_node에서는 신호등 색을 문자열 데이터를 발행하므로 String 타입을 사용한다. 두 번째 인자는 발행할 토픽의 이름이다. self.pub_topic 변수에는 17.2.1절에서 설정한 PUB_TOPIC_NAME 파라미터 값이 저장되어 있다. 세 번째 인자인 self.qos_profile은 QoS 설정으로, 데이터 전달의 신뢰성 및 성능을 조정하는 옵션이다. QoS는 초보자에게 필수 학습 항목은 아니므로, 실습 경험을 쌓은 후 심화 학습 주제로 학습하는 것이 적절하다.

```
self.publisher = self.create_publisher(String, self.pub_topic, self.qos_profile)
```

그림 17.2.4. 퍼블리셔 설정

17.2.4. 신호등 색 감지 알고리즘

그림 17.2.5는 traffic_light_detector_node.py 코드에서의 동기화 콜백 함수의 정의를 나타낸다. 해당 함수에서는 "detections" 와 "image_raw" 토픽을 각각 detection_msg와 image_msg 인자로 받아온 뒤, 신호등 색 감지 알고리즘을 거쳐 나타난 색 정보를 String 데이터 타입으로 발행한다.

함수 내에서는 HSV 색 필터를 사용하여 신호등 색 감지를 구현하였다. HSV 색 필터는 이미지 처리에서 특정 색상을 분리하거나 강조하기 위해 사용하는 기법으로, 색상을 나타내는 HSV(Hue, Saturation, Value) 색 공간을 기반으로 작동한다. Hue는 색상(예: 빨강, 파랑)을, Saturation은 색의 강도나 선명도를, Value는 밝기를 나타낸다. H는 0부터 179까지, S는 0부터 255까지, V는 0부터 255까지의 값으로 나타낸다. 이 중 특정 색상 범위를 정의하면, 해당 범위에 속하는 픽셀만 남기고 나머지를 제거하거나 무시할 수 있어, 특정 객체나 요소를 효과적으로 추출할 수 있다.

HSV 색 필터의 구현에서 hsv_ranges 딕셔너리는 각 색상(red, yellow, green)에 해당하는 HSV 범위를 정의한다. 이 범위는 하한선과 상한선을 설정하여 필터링이 적용된다. 예를 들어, 68번째 줄은 H값이 40부터 90까지, S값이 100부터 255까지, V값이 95부터 255까지 범위 내에 있는 픽셀은 초록색 (green) 픽셀로 인지한다는 뜻이다.

빨간색 색상은 HSV에서 Hue 값이 순환 구조(0~180)로 되어 있기 때문에 두 개의 범위를 정의해야 한다. 빨간색은 Hue 값이 0에 가까운 범위(예: [0, 10])와 180에 가까운 범위(예: [170, 179])를 포함해야 모든 빨간색 계열을 제대로 감지할 수 있다.

get_traffic_light_color 함수는 원본 이미지와 신호등 객체의 /detection 토

픽에 담긴 bbox 정보, 그리고 hsv_ranges 딕셔너리를 인자로 받아 신호등 색 정보를 추출한다. 색 필터를 통해 “Red”, “Yellow”, “Green”, “Unknown” 중 하나를 String 타입으로 리턴한다.

87번째 줄에서는 신호등 색 감지 결과를 퍼블리셔를 통해 토픽으로 발행한다. 신호등 객체가 감지 된 상황에서는 get_traffic_light_color에서 리턴한 값을, 신호등 객체가 감지 되지 않은 상황에서는 “None”을 발행하도록 하였다.

```
57      def sync_callback(self, detection_msg: DetectionArray, image_msg: Image):
58          cv_image = self.cv_bridge.imgmsg_to_cv2(image_msg)
59
60          traffic_light_detected = False
61          for detection in detection_msg.detections:
62              if detection.class_name == 'traffic_light':
63
64                  hsv_ranges = {
65                      'red1': (np.array([0, 100, 95]), np.array([10, 255, 255])),
66                      'red2': (np.array([160, 100, 95]), np.array([179, 255, 255])),
67                      'yellow': (np.array([20, 100, 95]), np.array([30, 255, 255])),
68                      'green': (np.array([40, 100, 95]), np.array([90, 255, 255]))
69                  }
70
71                  # get_traffic_light_color -> Red, Yellow, Green, Unknown
72                  traffic_light_color = CPFL.get_traffic_light_color(cv_image, detection.bbox, hsv_ranges)
73
74                  # Publish traffic light color as string
75                  color_msg = String()
76                  color_msg.data = traffic_light_color
77                  print(f'traffic light: {color_msg.data}')
78                  self.publisher.publish(color_msg)
79                  traffic_light_detected = True
80                  break  # Only process the first detected traffic light
81
82          if not traffic_light_detected:
83              # Publish 'None' if no traffic light is detected
84              color_msg = String()
85              color_msg.data = 'None'
86              print(f'traffic light: {color_msg.data}')
87              self.publisher.publish(color_msg)
```

그림 17.2.5. sync callback 함수

18장

lane info extractor node

lane_info_extractor_node는 camera_perception_pkg를 구성하는 노드 중 하나로서, yolov8_node가 추론한 "lane2" 객체를 통해 차선의 기울기와 차선의 중앙 지점과 같은 정보를 발행하는 노드이다.

18.1. 노드 실행

Terminator를 분할하여 image_publisher_node, yolov8_node를 실행하고, 아래 절차를 통해 lane_info_extractor_node를 실행한다.

아래 명령을 입력하여 ros2_ws로 이동한다.

```
cd ~/ros2_ws
```

아래 두 개 명령을 입력하여 소싱한다.

```
source /opt/ros/humble/setup.bash
```

```
source ./install/local_setup.bash
```

아래 명령을 입력하여 노드를 실행한다.

```
ros2 run camera_perception_pkg lane_info_extractor_node
```

다른 터미널 창에서 아래 명령을 입력하여 실행중인 노드 목록과 토픽 정보를 확인한다(11.5절 참조).

```
rqt_graph
```

그림 18.1.1은 image_publisher_node, yolov8_node, lane_info_extractor_node 를 모두 실행한 후의 rqt_graph이다. 세 노드가 실행중이며, 각 노드별로 주고 받는 토픽 이름도 확인 할 수 있다.

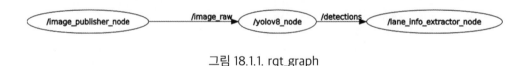

그림 18.1.1. rqt_graph

18.2. 코드 분석

본 절에서는 노드의 기능을 활용하기 위한 코드 분석을 한다. 노드의 모든 코드 내용을 분석하는 것이 아닌, 노드를 잘 사용할 수 있을 정도로 코드를 알아보는 것을 목표로 한다. 본 절에서부터는 14장부터 17장까지 서술하였던 퍼블리셔 설정, 서브스크라이버 설정, 콜백 함수에 대한 자세한 설명은 생략하고, 파라미터 설정과 콜백 함수 내 알고리즘 동작 위주로 설명한다.

18.2.1. 파라미터 설정

그림 18.2.1은 lane_info_extractor_node.py의 코드 중 파라미터를 설정하는 부분이다.

```
#------------------Variable Setting--------------
# Subscribe할 토픽 이름
SUB_TOPIC_NAME = "detections"

# Publish할 토픽 이름
PUB_TOPIC_NAME = "yolov8_lane_info"
ROI_IMAGE_TOPIC_NAME = "roi_image"    # 추가: ROI 이미지 퍼블리시 토픽

# 화면에 이미지를 처리하는 과정을 띄울것인지 여부: True, 또는 False 중 택1하여 입력
SHOW_IMAGE = True
#------------------------------------------------
```

그림 18.2.1. 파라미터 설정 부분

SUB_TOPIC_NAME은 16.3절에서 확인하였던 /detections 토픽이다.

PUB_TOPIC_NAME은 발행하는 차선 정보에 대한 이름이다. 이 노드에서는 차선의 기울기와 중앙 점 정보를 발행하는데, 구체적인 내용은 이후에 ros2 topic echo 명령을 통해 확인하도록 한다.

PUB_IMAGE_TOPIC_NAME은 관심 영역(Region of Interest, ROI) 영역의 차선만 추출한 이미지 정보에 대한 이름이다. 이는 23장에서 경로 계획 모니터링에 사용하게 된다.

SHOW_IMAGE는 노트북 PC 화면에 차선 추출 과정에 대한 이미지를 띄울 것인지 여부를 결정하는 boolean 파라미터이다.

18.2.2. 차선 정보 추출 알고리즘

그림 18.2.2는 SHOW_IMAGE를 True로 설정하였을 때 나타나는 차선

추출 과정 이미지를 좌측부터 우측까지 순차적으로 나타낸 것이다. 가장 좌측 이미지는 "image_raw" 토픽이다. 해당 정보는 lane_info_extractor에서 직접적으로 사용하지는 않는다. lane_info_extractor 노드는 "detections" 토픽에서 "lane2" 클래스 이름을 가진 객체의 테두리를 그린 뒤(좌측에서 2번째 이미지), 하늘에서 바닥을 내려다 본 지점으로 시점 변환을 한다(좌측에서 3번째 이미지). 이후에 필요로 하는 관심 영역(Region of Interest, ROI)만을 남기고, 나머지 부분은 제거하는 과정을 거쳐 가장 우측 이미지를 얻는다. 가장 우측 이미지는 "roi_image" 토픽으로 발행된다.

그림 18.2.2. lane2 테두리 추출 및 변환 과정 시각화

18.2.3. 데이터 콜백 함수

그림 18.2.3는 "detections" 토픽 정보를 수신할 때마다 호출되는 데이터 콜백 함수 코드의 윗 부분으로, 그림 18.2.2에 나타난 처리를 하는 부분이다. 만일 "detections" 토픽에 아무런 객체가 존재하지 않으면 바로 리턴한다. 이후, CPFL(Camera Perception Function Library)의 draw_edges 함수를 호출하는데, 이는 "detections" 정보와 객체의 클래스 이름을 인자로 전달하면, 테두리를 그리는 함수이다. 이후, CPFL의 bird_convert 함수를 테두리 이미지에 적용하면 이미지를 하늘에서 바닥을 보는 시점의 이미지로 변경한다. CPFL의

roi_rectangle_below에 cutting_idx는 이미지의 아래부분(차체와 가까운 부분)을 제외한 윗부분을 제거하는 함수이다. 제거할 픽셀 높이를 입력하면 된다. 300을 입력하면 이미지의 높이 480 픽셀 중 아래쪽 180 픽셀만 남게 된다.

```python
def yolov8_detections_callback(self, detection_msg: DetectionArray):
    if len(detection_msg.detections) == 0:
        return

    lane2_edge_image = CPFL.draw_edges(detection_msg, cls_name='lane2', color=255)

    (h, w) = (lane2_edge_image.shape[0], lane2_edge_image.shape[1]) #(480, 640)
    dst_mat = [[round(w * 0.3), round(h * 0.0)], [round(w * 0.7), round(h * 0.0)], [round(w * 0.7), h], [round(w * 0.3), h]]
    src_mat = [[238, 316],[402, 313], [501, 476], [155, 476]]

    lane2_bird_image = CPFL.bird_convert(lane2_edge_image, srcmat=src_mat, dstmat=dst_mat)
    roi_image = CPFL.roi_rectangle_below(lane2_bird_image, cutting_idx=300)

    if self.show_image:
        cv2.imshow('lane2_edge_image', lane2_edge_image)
        cv2.imshow('lane2_bird_img', lane2_bird_image)
        cv2.imshow('roi_img', roi_image)
        cv2.waitKey(1)
```

그림 18.2.3. lane2 테두리 추출 및 변환 부분

그림 18.2.4는 "detections" 토픽 정보를 수신할 때마다 호출되는 데이터 콜백 함수 코드의 아래 부분이다. roi_image에서 차선의 기울기를 추출하고, 차선의 중앙지점을 인지하여 발행한다. 차선의 기울기는 dominant_gradient 함수에서 추출한다. 차선의 기울기 좌표계는 그림 18.2.5와 같다. 좌측으로 향하는 기울기는 음수, 우측으로 향하는 기울기는 양수이며, 세로 방향에 가까울수록 절댓값이 작아진다. 단위는 60분법을 사용하는 "도(°)"를 활용한다. 주행을 하는 도중에 대개의 차선의 기울기는 세로 방향에 가깝게 나타난다. 가로 방향에 가깝게 나타난 선은 노이즈일 가능성이 높다. 따라서 dominant_gradient 함수는 theta_limit 인자를 통해 해당 값보다 큰 기울기는 필터링 하는 기능을 제공한다.

차선의 중앙 지점은 target_points 변수로 (x,y)좌표의 리스트 형태로 발행된다. 좌표계는 그림 18.2.6에 나타난 바와 같이 좌측 상단을 원점으로 하여 가로축이 x축, 세로축이 y축으로 나타난다. 우선 target_points의 y값을 지정하면, 해당 값을 기준으로 가로 선을 그어, 차선과의 교점 2개 사이의 중앙값을 target_points의 x값으로 설정하는 알고리즘이다. 만일 차선과의 교점이 1개만 존재하면 차선의 기울기와 lane_width 인자를 통해 차선 중앙 지점을 예측한다. 차선의 기울기가 음수이면 교점으로부터(lane_width/2) 만큼 좌측에, 차선의 기울기가 양수이면 교점으로부터(lane_width/2)만큼 우측에 target_point의 x값을 설정한다.

```
grad = CPFL.dominant_gradient(roi_image, theta_limit=70)

target_points = []
for target_point_y in range(5, 155, 50):  # 예시로 5에서 155까지 50씩 증가
    target_point_x = CPFL.get_lane_center(roi_image, detection_height=target_point_y,
                                          detection_thickness=10, road_gradient=grad, lane_width=300)

    target_point = TargetPoint()
    target_point.target_x = round(target_point_x)
    target_point.target_y = round(target_point_y)
    target_points.append(target_point)

lane = LaneInfo()
lane.slope = grad
lane.target_points = target_points

self.publisher.publish(lane)
```

그림 18.2.4. 차선 기울기 및 차선 중앙 지점 인지

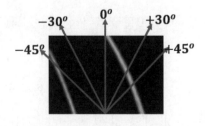

그림 18.2.5. 차선 기울기 좌표계

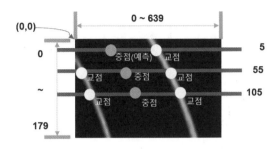

그림 18.2.6. target_point 설정 알고리즘

18.3. topic echo 활용 차선 정보 모니터링

토픽을 모니터링하기 위해 아래와 같은 명령을 실행한다.

```
ros2 topic echo /yolov8_lane_info
```

그림 18.2.7은 roi_img와 해당 이미지에 대한 정보이다. 기울기는 좌측 방향으로 29도, target_point는(158, 5), (174, 55), (199,105)로, 적절히 나타났음을 확인할 수 있다.

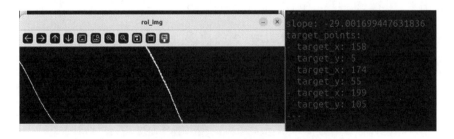

그림 18.2.7. echo 명령을 통한 차선 정보 확인

lidar publisher node

lidar_publisher_node는 lidar_perception_pkg를 구성하는 노드 중 하나로서, 라이다 센서로부터 주변 환경 정보를 실시간으로 읽어와서 토픽으로 발행하는 노드이다. 실습용 라이다인 RPLiDAR A1M8은 360도를 회전하며 레이저 펄스를 발사하여 돌아오는 시간을 측정하는 원리로, 각도별 거리 정보를 받아온다.

19.1. 라이다 연결

라이다의 연결은 2.4절을 참고한다. 노트북 PC와의 연결은 5핀 케이블을 활용한다. 연결 확인은 10.1절에서의 아두이노 연결 확인 방법과 유사하다. 아래의 명령을 라이다 연결 전후로 입력했을 때 생성되는 포트가 라이다 포트다.

```
ls /dev/ttyUSB*
```

10.1절에서 아두이노에 권한을 부여했듯이, 라이다에도 권한을 아래 명령을 통해 부여하도록 한다. 시스템에 따라 포트 이름이 다를 수 있으니, 반드

시 "ls /dev/ttyUSB*" 명령으로 확인한 이름을 사용하도록 한다.

```
sudo chmod a+rw /dev/ttyUSB0
```

19.2. 코드 분석

19장에서는 코드 분석을 먼저 진행하고 노드 실행을 한다. 코드상에 라이다 연결 포트를 파라미터를 통해 지정하기 때문이다.

19.2.1. 파라미터 설정

그림 19.2.1은 lane_info_extractor_node.py의 코드 중 파라미터를 설정하는 부분이다.

```
#---------------Variable Setting---------------
# Publish할 토픽 이름
PUB_TOPIC_NAME = 'lidar_raw'

# 라이다 장치 번호 (ls /dev/ttyUSB* 명령을 터미널 창에 입력하여 확인)
LIDAR_PORT = '/dev/ttyUSB0'
#----------------------------------------------
```

그림 19.2.1. 파라미터 설정 부분

PUB_TOPIC_NAME은 발행하는 정보에 대한 이름이다. 이 노드에서는 라이다 센서에서 읽어온 환경 정보를 실시간으로 발행한다. 해당 정보를 필요로 하는 다른 노드에서는 이 노드의 PUB_TOPIC_NAME과 일치하는 이름을 통해 이미지 정보를 구독할 수 있다. LIDAR_PORT는 19.1절에서 확인한 라이다 포트를 입력하도록 한다.

19.2.2. 타이머 콜백 함수

그림 19.2.2는 create_timer 메서드를 통해 타이머를 생성하는 코드이다. 첫 번째 인자인 0.1은 시간 주기를 나타낸다. 두 번째 인자는 타이머 콜백 함수로, 타이머가 주기적으로 호출할 작업이 정의된 함수이다. 해당 함수는 라이다 데이터를 읽어서 발행하는 함수로, 첫 번째 인자로 설정된 값인 0.1초마다 한 번씩 실행되는 함수이다. 콜백 함수에 대한 정의 코드에 대한 자세한 설명은 생략한다.

```
42              # Set up a timer to call publish_lidar data at a regular interval
43              self.timer = self.create_timer(0.1, self.publish_lidar_data)
```

그림 19.2.2. 타이머 콜백 함수

19.3. 노드 실행

Terminator를 열어 아래 절차를 통해 lidar_publisher_node를 실행한다.
아래 명령을 입력하여 ros2_ws로 이동한다.

```
cd ~/ros2_ws
```

아래 두 개 명령을 입력하여 소싱한다.

```
source /opt/ros/humble/setup.bash
```

```
source ./install/local_setup.bash
```

아래 명령을 입력하여 노드를 실행한다.

```
ros2 run lidar_perception_pkg lidar_publisher_node
```

19.4. RViz 활용 라이다 값 확인

lidar_publisher_node에서 발행하는 라이다 데이터 토픽을 rviz를 활용하여
모니터링 할 수 있다. 11.7절을 참고하여 rviz를 실행한 뒤, 그림 11.7.1에서
"Add"를 클릭한 후, 그림 11.7.2에서 "LaserScan"를 선택한다.

이후, 그림 19.4.1과 같이 LaserScan 탭의 Topic 항목에서 /lidar_raw를 선
택한다. Fixed Frame 탭에서는 laser_frame을 선택한다. Size(m) 탭에는 0.1을
입력하면 각도별 거리 정보가 점으로 표시된다.

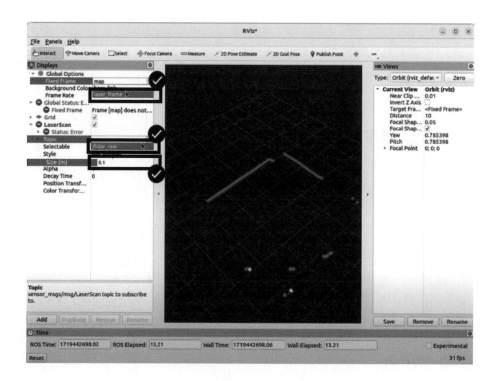

그림 19.4.1. Rviz 설정

lidar processor node

lidar_processor_node는 lidar_perception_pkg를 구성하는 노드 중 하나로 서, lidar_publisher_node에서 발행된 라이다 정보를 구독하여 라이다 좌표계를 회전시키거나 뒤집는 기능을 수행한다. 자율주행 차량에 라이다를 탑재할 때, 라이다의 전방 각도를 알고리즘에 맞게 0도 또는 180도로 설정하는 것이 더 효율적이고 직관적일 수 있다. 그러나 실제 차량에 라이다를 장착했을 때, 물리적 위치와 장착 방향에 따라 전방이 정확히 원하는 각도로 나타나지 않을 수 있다. 이러한 경우, lidar_processor_node를 사용하여 라이다 데이터를 소프트웨어적으로 조정하면, 좌표계를 원하는 대로 맞출 수 있어 데이터 처리와 알고리즘 구현이 훨씬 간편해진다. 이 기능은 라이다 데이터의 효율적 사용과 정확한 자율주행 구현을 지원한다.

20.1. 노드 실행

Terminator를 분할하여 lidar_publisher_node를 실행하고, 아래 절차를 통해 lidar_processor_node를 실행한다.

아래 명령을 입력하여 ros2_ws로 이동한다.

```
cd ~/ros2_ws
```

아래 두 개 명령을 입력하여 소싱한다.

```
source /opt/ros/humble/setup.bash
```

```
source ./install/local_setup.bash
```

아래 명령을 입력하여 노드를 실행한다.

```
ros2 run lidar_perception_pkg lidar_processor_node
```

다른 터미널 창에서 아래 명령을 입력하여 실행중인 노드 목록과 토픽 정보를 확인한다(11.5절 참조).

```
rqt_graph
```

그림 20.1.1은 lidar_publisher_node, lidar_processor_node를 모두 실행한 후의 rqt_graph이다. 두 노드가 실행중이며, 각 노드별로 주고 받는 토픽 이름도 확인 할 수 있다.

그림 20.1.1. rqt_graph

20.2. 코드 분석

본 절에서는 노드의 기능을 활용하기 위한 코드 분석을 한다. 노드의 모든 코드 내용을 분석하는 것이 아닌, 노드를 잘 사용할 수 있을 정도로 코드를 알아보는 것을 목표로 한다.

20.2.1. 파라미터 설정

그림 20.2.1은 lidar_processor_node.py의 코드 중 파라미터를 설정하는 부분이다. 이전 장에서 설명과 동일하게 구독과 발행 토픽 이름을 지정하는 것 이외에 추가적인 파라미터는 없다.

```
#----------------Variable Setting----------------
# Subscribe할 토픽 이름
SUB_TOPIC_NAME = 'lidar_raw'

# Publish할 토픽 이름
PUB_TOPIC_NAME = 'lidar_processed'
#
```

그림 20.2.1. 파라미터 설정 부분

20.2.2. 데이터 콜백 함수

그림 20.2.2는 /lidar_raw 토픽 정보를 수신할 때마다 호출되는 데이터 콜백 함수이다. LPFL(Lidar Perception Function Library)의 rotate_lidar_data의 offset 인자에 0부터 359까지의 값을 입력하면 해당 값만큼 라이다의 데이터가 회전한다. flip_lidar_data의 pivot_angle 인자에 0부터 359까지의 값을 입력하면 해당 축을 기준으로 라이다의 데이터가 뒤집힌다. 기본적으로 실습 코

드에 제공된 대로 실행하면, rotate_lidar_data의 offset 인자는 0으로, 회전을 하지 않으며, flip_lidar_data의 pivot_angle 인자는 0으로, 0도에 해당하는 축을 기준으로 라이다 데이터가 뒤집힌다. 데이터를 뒤집을 필요가 없으면 flip_lidar_data 함수를 호출하지 않도록 수정하면 된다.

```python
def lidar_raw_cb(self, msg):
    # 이 함수는 Lidar 데이터를 수신할 때마다 호출 됨.
    ranges = msg.ranges
    intensities = msg.intensities

    msg = LPFL.rotate_lidar_data(msg, offset = 0) # offset은 0부터 359까지의 값을 입력
    msg = LPFL.flip_lidar_data(msg, pivot_angle = 0) # pivot_angle은 0부터 359까지의 값을 입력
    self.publisher.publish(msg)
    self.get_logger().info(f'Received scan with {len(ranges)} ranges and {len(intensities)} intensities')
```

그림 20.2.2. 라이다 데이터 회전 및 뒤집기 설정 부분

20.3. RViz 활용 라이다 회전 및 뒤집기 결과 확인

그림 20.3.1과 같이 lidar_processed 토픽을 모니터링하게 설정하여 그림 19.4.1과 비교하며 lidar_prossesor_node의 기능을 확인하길 바란다. 그림 20.3.1은 그림 19.4.1과 비교했을 때, 뒤집힌 데이터 형상을 띄고 있음을 확인할 수 있다.

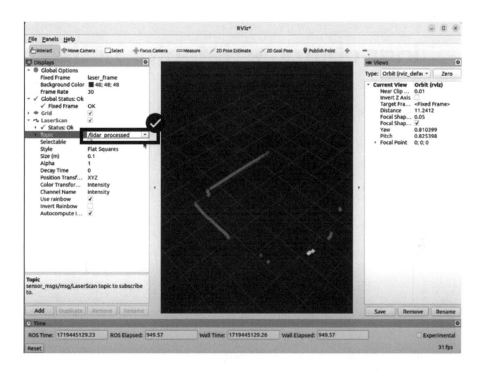

그림 20.3.1. Rviz에서 회전 및 뒤집기 결과 확인(그림 19.4.1과 비교)

21장

lidar obstacle detector node

lidar_obstacle_detector_node는 lidar_perception_pkg를 구성하는 노드 중 하나로서, 특정 각도 범위 및 거리 범위를 관심 영역으로 설정하여, 해당 영역 내에 장애물이 있는지 여부를 boolean으로 발행하는 노드이다. 가령 170도부터 190도 사이에, 50cm부터 200cm 사이에 장애물 여부를 감지하고자 할 때, 해당 값을 lidar_obstacle_detector_node 코드 상에 입력하면 그림 21.0.1과 같이 장애물 위치에 따른 결과가 발행된다.

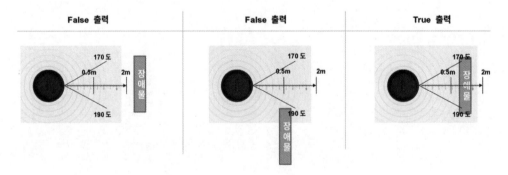

그림 21.0.1. 관심 영역 내 장애물 여부 인지

21.1. 노드 실행

Terminator를 분할하여 lidar_publisher_node와 lidar_processor_node를 실행하고, 아래 절차를 통해 lidar_obstacle_detector_node를 실행한다.

아래 명령을 입력하여 ros2_ws로 이동한다.

```
cd ~/ros2_ws
```

아래 두 개 명령을 입력하여 소싱한다.

```
source /opt/ros/humble/setup.bash
```

```
source ./install/local_setup.bash
```

아래 명령을 입력하여 노드를 실행한다.

```
ros2 run lidar_perception_pkg lidar_obstacle_detector_node
```

다른 터미널 창에서 아래 명령을 입력하여 실행중인 노드 목록과 토픽 정보를 확인한다(11.5절 참조).

```
rqt_graph
```

그림 21.1.1은 lidar_publisher_node, lidar_processor_node, lidar_obstacle_detector_node를 모두 실행한 후의 rqt_graph이다. 세 노드가 실행중이며, 각 노드별로 주고 받는 토픽 이름도 확인 할 수 있다

그림 21.1.1. rqt_graph

21.2. 코드 분석

본 절에서는 노드의 기능을 활용하기 위한 코드 분석을 한다. 노드의 모든 코드 내용을 분석하는 것이 아닌, 노드를 잘 사용할 수 있을 정도로 코드를 알아보는 것을 목표로 한다.

21.2.1. 파라미터 설정

그림 21.2.1은 lidar_obstacle_detector_node.py 코드 중 파라미터를 설정하는 부분이다. 이전 장에서 설명과 동일하게 구독과 발행 토픽 이름을 지정하는 것 이외에 추가적인 파라미터는 없다.

```
#---------------Variable Setting---------------
# Subscribe할 토픽 이름
SUB_TOPIC_NAME = 'lidar_processed'  # 구독할 토픽 이름

# Publish할 토픽 이름
PUB_TOPIC_NAME = 'lidar_obstacle_info'  # 물체 감지 여부를 퍼블리시할 토픽 이름
#---------------------------------------------
```

그림 21.2.1. 파라미터 설정 부분

21.2.2. 데이터 콜백 함수

그림 21.2.2는 /lidar_processed 토픽 정보를 수신할 때마다 호출되는 데이터 콜백 함수이다. 해당 함수 내에 roi를 지정하게 되어있다. 각도 및 거리의 하한 값과 상한 값을 입력하면 boolean으로 장애물 감지 여부 정보를 발행한다.

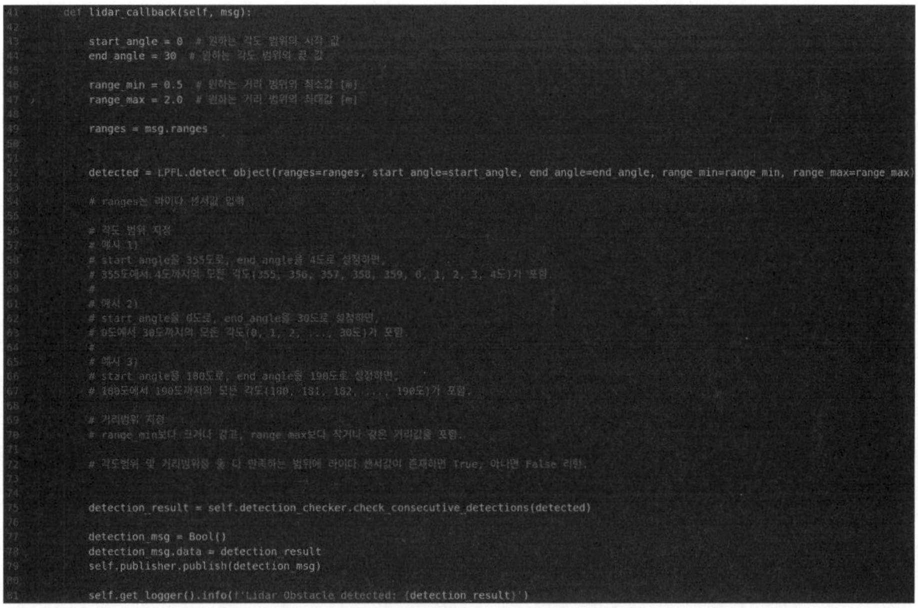

그림 21.2.2. 라이다 ROI 설정 부분

그림 21.2.3은 그림 21.2.2의 75번째 줄에서 호출되는 객체를 생성하는 부분으로, 라이다 센서의 오류로 인해 발생할 수 있는 오동작을 방지하기 위한 기능을 수행한다. 장애물 감지 상태가 변경될 때, 연속적으로 일정한 데이터가 입력되어야 상태를 변경하도록 설정할 수 있으며, 이는 consec_count 인자를 통해 조정된다. 예를 들어, 장애물이 없는 상태(False)에서 감지 상태(True)로 변경하려면 장애물을 최소 5회 연속으로 감지해야 한다. 반대로, 기

존에 장애물이 있는 상태(True)였다면, 장애물이 5회 이상 연속적으로 감지되지 않았을 때만 장애물이 사라진 것으로 판단한다. 이러한 방식은 센서의 일시적인 오류로 인한 잘못된 상태 변경을 방지하여 안정적인 장애물 감지를 가능하게 한다.

```
self.detection_checker = LPFL.StabilityDetector(consec_count=5) # 연속적으로 몇 번 감지 여부를 확인할지 설정
```

그림 21.2.3. 연속적으로 몇 번 감지 여부를 확인할지 결정

5부

자율주행 판단부 실습

22장

path planner node

path_planner_node는 decision_making_pkg를 구성하는 노드 중 하나로서, lane_info_extractor_node에서 발행한 차선 정보를 구독하여 차량의 주행 경로를 계획하는 노드이다.

22.1. 노드 실행

Terminator를 분할하여 image_publisher_node, yolov8_node, lane_info_extractor_node를 실행하고, 아래 절차를 통해 path_planner_node를 실행한다.

아래 명령을 입력하여 ros2_ws로 이동한다.

```
cd ~/ros2_ws
```

아래 두 개 명령을 입력하여 소싱한다.

```
source /opt/ros/humble/setup.bash
```

```
source ./install/local_setup.bash
```

아래 명령을 입력하여 노드를 실행한다.

```
ros2 run decision_making_pkg path_planner_node
```

다른 터미널 창에서 아래 명령을 입력하여 실행중인 노드 목록과 토픽 정보를 확인한다(11.5절 참조).

```
rqt_graph
```

그림 22.1.1.은 image_publisher_node, yolov8_node, lane_info_extractor_node, path_planner_node를 모두 실행한 후의 rqt_graph이다. 네 노드가 실행중이며, 각 노드별로 주고 받는 토픽 이름도 확인 할 수 있다.

그림 22.1.1. rqt_graph

22.2. 코드 분석

본 절에서는 노드의 기능을 활용하기 위한 코드 분석을 한다. 노드의 모든 코드 내용을 분석하는 것이 아닌, 노드를 잘 사용할 수 있을 정도로 코드를 알아보는 것을 목표로 한다.

22.2.1. 파라미터 설정

그림 22.2.1은 lidar_obstacle_detector_node.py 코드 중 파라미터를 설정하는 부분이다. 이전 장에서 설명과 동일하게 구독과 발행 토픽 이름을 지정하기 위한 파라미터가 존재한다.

CAR_CENTER_POINT는 lane_info_extractor_node의 /roi_image 상에서의 차량 앞 범퍼의 중심이 위치한 픽셀 좌표이다(그림 2.5.5를 참고하면, 카메라 시야에 들어온 이미지의 하단에는 차량의 앞 범퍼가 위치하게 된다). 그림 18.2.2와 그림 18.2.6을 참고하면, roi_image는 기본값으로 높이 480픽셀 중 300픽셀을 제거한 이미지이다(최종적으로 가로 640픽셀, 세로 180픽셀이 된다). 따라서 roi_image 상에서 차량 앞 범퍼의 중심이 위치한 픽셀 좌표는 대략(320, 179)가 된다.

```
#------------Variable Setting--------/---------
SUB_LANE_TOPIC_NAME = "yolov8_lane_info"  # lane_info_extractor 노드에서 퍼블리시하는 타겟 지점 토픽
PUB_TOPIC_NAME = "path_planning_result"   # 경로 계획 결과 퍼블리시 토픽
CAR_CENTER_POINT = (320, 179) # 이미지 상에서 차량 앞 범퍼의 중심이 위치한 픽셀 좌표

#--
```

그림 22.2.1. 파라미터 설정 부분

22.2.2. 데이터 콜백 함수

그림 22.2.2는 /yolov8_lane_info 토픽을 수신할 때마다 호출되는 데이터 콜백 함수이다. 3개 이상의 target_point를 요구한다. 따라서 lane_info_extractor_node에서 target_point를 3개 이상 추출하게 설정하도록 한다(그림 18.2.4 참조).

```
def lane_callback(self, msg: LaneInfo):

    # 타겟 지점 받아오기
    self.target_points = msg.target_points

    # 타겟 지점이 3개 이상 모이면 경로 계획 시작
    if len(self.target_points) >= 3:
        self.plan_path()
```

그림 22.2.2. 타겟 지점이 3개 이상 모이면 경로 계획 시작

그림 22.2.3은 데이터 콜백 함수 내에서 호출하는 plan_path 함수의 일부로, 경로를 실질적으로 계획하는 코드이다. 경로 계획은 target_points와 CAR_CENTER_POINT로 스플라인 보간법을 사용한다. 스플라인 보간법은 주어진 데이터 점들 사이를 매끄러운 곡선으로 연결하여 보간하는 방법으로, 특히 복잡한 곡선을 정확히 표현할 때 유용하다. 이 방법은 데이터를 여러 구간으로 나누고, 각 구간에 다항식을 정의하여 연속적이고 부드러운 곡선을 생성한다.

```python
# TargetPoint 객체에서 x, y 값 추출
x_points, y_points = zip(*[(tp.target_x, tp.target_y) for tp in self.target_points])

#차량 앞 범퍼의 중심이 위치한 픽셀 좌표 추가
y_points_list, x_points_list = list(y_points), list(x_points)
y_points_list.append(self.car_center_point[1])
x_points_list.append(self.car_center_point[0])
y_points, x_points = tuple(y_points_list), tuple(x_points_list)

# y 값을 기준으로 정렬 (y가 증가하는 순서로 정렬)
sorted_points = sorted(zip(y_points, x_points), key=lambda point: point[0])

# 정렬된 y, x 값을 다시 분리
y_points, x_points = zip(*sorted_points)

# 몇개의 점으로 경로 계획을 하는지 확인
self.get_logger().info(f"Planning path with {len(y_points)} points")

# 스플라인 보간법을 사용하여 경로 생성
cs = CubicSpline(y_points, x_points, bc_type='natural')

# 생성된 경로 점들 (추가적인 점들을 생성하여 부드러운 경로를 얻음)
y_new = np.linspace(min(y_points), max(y_points), 100)
x_new = cs(y_new)

# 경로를 따라가는 정보 (PathPlanningResult 메시지로 발행)
path_msg = PathPlanningResult()
path_msg.x_points = list(x_new)
path_msg.y_points = list(y_new)

# 경로 퍼블리시
self.publisher.publish(path_msg)

# 타겟 지정 초기화 (다음 경로 계산을 위해)
self.target_points.clear()
```

그림 22.2.3. 스플라인 보간법을 활용한 경로 생성

22.3. topic echo 활용 경로 계획 모니터링

토픽을 모니터링하기 위해 아래와 같은 명령을 실행한다.

```
ros2 topic echo /path_planning_result
```

표 22.1은 경로 계획을 모니터링 한 결과이다. 가장 아래쪽은 경로의 시작점
으로, CAR_CENTER_POINT와 일치하며, 촘촘한 구간으로 경로가 나타났

음을 확인할 수 있다.

표 22.1. 경로 계획 결과

x_points:	y_points:
- 131.0	- 5.0
- 131.98248635570556	- 6.757575757575758
- 132.96420296320505	- 8.515151515151516
- 133.94438007429233	- 10.272727272727273
- 134.9222479407614	- 12.030303030303031
⋮ ⋮	⋮ ⋮
- 269.2470143599346	- 156.15151515151516
- 273.02946167806704	- 157.9090909090909
- 276.8410998362797	- 159.66666666666666
- 280.6794962645659	- 161.42424242424244
- 284.5422183929188	- 163.1818181818182
- 288.42683365133195	- 164.93939393939394
- 292.3309094697985	- 166.6969696969697
- 296.2520132783119	- 168.45454545454547
- 300.1877125068653	- 170.21212121212122
- 304.13557458545216	- 171.96969696969697
- 308.09316694406573	- 173.72727272727272
- 312.05805701269935	- 175.48484848484847
- 316.0278122213463	- 177.24242424242425
- 320.0	- 179.0

23장

path visualizer node

22.3절에서와 같이 echo 명령의 출력만으로는 경로 계획이 정확하게 되었는지 확인하기 매우 어렵다. 따라서 경로 계획을 시각화하여 디버깅이 수월하게 하도록 할 필요가 있다. 이를 path_visualizer_node가 지원한다. path_visualizer_node는 debug_pkg를 구성하는 노드 중 하나로서, path_planner_node가 경로 계획을 시각화한 이미지를 발행한다. 경로 시각화는 그림 18.2.2의 가장 우측의 /roi_image 토픽의 이미지 상에 굵은 선으로 표시한다.

23.1. 노드 실행

Terminator를 분할하여 image_publisher_node, yolov8_node, lane_info_extractor_node, path_planner_node를 실행하고, 아래 절차를 통해 path_visualizer_node를 실행한다.

아래 명령을 입력하여 ros2_ws로 이동한다.

```
cd ~/ros2_ws
```

아래 두 개 명령을 입력하여 소싱한다.

```
source /opt/ros/humble/setup.bash
```

```
source ./install/local_setup.bash
```

아래 명령을 입력하여 노드를 실행한다.

```
ros2 run debug_pkg path_visualizer_node
```

다른 터미널 창에서 아래 명령을 입력하여 실행중인 노드 목록과 토픽 정보를 확인한다(11.5절 참조).

```
rqt_graph
```

그림 23.1.1은 image_publisher_node, yolov8_node, lane_info_extractor_node, path_planner_node, path_visualizer_node를 모두 실행한 후의 rqt_graph이다.

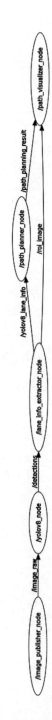

그림 23.1.1. rqt_graph

23.2. rviz 활용 추론 결과 확인

path_visualizer_node에서 발행하는 이미지 데이터 토픽을 rviz를 활용하여 모니터링 할 수 있다. 11.7절을 참고하여 rviz를 실행한 뒤, 그림 11.7.1에서 "Add"를 클릭 한 후, 그림 11.7.2에서 "Images"를 선택한다.

이후, 그림 23.2.1과 같이 Image 탭의 Topic 항목에서 /path_visualized_img를 선택한다. 그림 23.2.2는 rviz에 나타난 경로 계획 결과이다. /roi_image 상에 굵은 선으로 경로가 표시되었음을 확인할 수 있다.

그림 23.2.3은 /image_raw(원본 이미지) 및 /roi_image가 처리되는 과정(그림 18.2.2 참조), 경로 계획 결과를 모두 띄운 화면이다. 원본 이미지를 보면, 직진 구간에 차량이 있으나, 차체가 좌측으로 다소 쏠려있는 상황임을 알 수 있다. 차선의 가운데로 움직이기 위해, 경로 계획이 이미지 하단에서는 우측 방향으로, 이미지 상단에서는 수직 방향으로 나타났음을 확인할 수 있다.

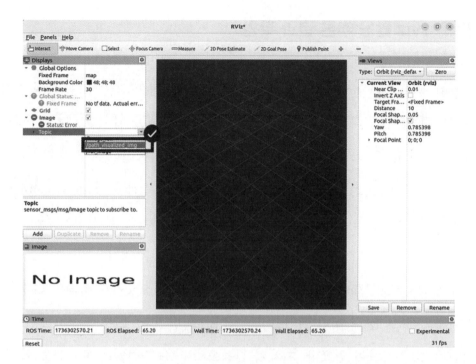

그림 23.2.1. Rviz에서 /path_visualized_img 선택

그림 23.2.2. Rviz에서 경로 계획 결과 확인

그림 23.2.3. 경로 계획 결과 확인(/image_raw 및 /roi_image 처리 과정 포함)

24장

motion planner node

motion_planner_node는 decision_making_pkg를 구성하는 노드 중 하나로서, 인지부 모듈들이 발행한 정보와 경로 계획 정보를 구독하여 모터 제어 명령을 생성하는 노드이다.

24.1. 노드 실행

Terminator를 분할하여 image_publisher_node, yolov8_node, lane_info_extractor_node, traffic_light_detector_node, path_planner_node, lidar_publisher_node, lidar_processor_node, lidar_obstacle_detector_node를 실행하고, 아래 절차를 통해 motion_planner_node를 실행한다.

아래 명령을 입력하여 ros2_ws로 이동한다.

```
cd ~/ros2_ws
```

아래 두 개 명령을 입력하여 소싱한다.

```
source /opt/ros/humble/setup.bash
```

```
source ./install/local_setup.bash
```

아래 명령을 입력하여 노드를 실행한다.

```
ros2 run decision_making_pkg motion_planner_node
```

다른 터미널 창에서 아래 명령을 입력하여 실행중인 노드 목록과 토픽 정
보를 확인한다(11.5절 참조).

```
rqt_graph
```

그림 24.1.1은 image_publisher_node, yolov8_node, lane_info_extractor_
node, traffic_light_detector_node, path_planner_node, lidar_publisher_node,
lidar_processor_node, lidar_obstacle_detector_node, motion_planner_node를
모두 실행한 후의 rqt_graph이다. 인지부 모듈들과 경로 계획 정보를 모두 구
독한다는 점이 한눈에 들어올 것이다.

그림 24.1.1. rqt_graph

24.2. 코드 분석

본 절에서는 노드의 기능을 활용하기 위한 코드 분석을 한다. 노드의 모든 코드 내용을 분석하는 것이 아닌, 노드를 잘 사용할 수 있을 정도로 코드를 알아보는 것을 목표로 한다.

24.2.1. 파라미터 설정

그림 24.2.1은 motion_planner_node.py 코드 중 파라미터를 설정하는 부분이다.

```
#-------------Variable Setting-------------
SUB_DETECTION_TOPIC_NAME = "detections"
SUB_PATH_TOPIC_NAME = "path_planning_result"
SUB_TRAFFIC_LIGHT_TOPIC_NAME = "yolov8_traffic_light_info"
SUB_LIDAR_OBSTACLE_TOPIC_NAME = "lidar_obstacle_info"
PUB_TOPIC_NAME = "topic_control_signal"

#-------------
```

그림 24.2.1. 파라미터 설정 부분

SUB_DETECTION_TOPIC_NAME은 yolov8_node가 발행하는 토픽 이름인 "detections"로 설정한다.

SUB_PATH_TOPIC_NAME은 path_planner_node가 발행하는 토픽 이름인 "path_planner_result"로 설정한다.

SUB_TRAFFIC_LIGHT_TOPIC_NAME은 traffic_light_detector_node가 발행하는 토픽 이름인 "yolov8_traffic_light_info"로 설정한다.

SUB_LIDAR_OBSTACLE_TOPIC_NAME은   lidar_obstacle_detector_

node가 발행하는 토픽 이름인 "lidar_obstacle_info"로 설정한다.

PUB_TOPIC_NAME은 발행하는 정보에 대한 이름이다. 이 노드에서는 조향 명령, 좌측 구동 모터 속도 명령, 우측 구동 모터 속도 명령 정보를 각각 정수 자료형 형태로 실시간으로 발행한다. 해당 정보를 필요로 하는 다른 노드에서는 이 노드의 PUB_TOPIC_NAME과 일치하는 문자열을 통해 모터 제어 명령 값 정보를 구독할 수 있다.

24.2.2. 변수 목록

그림 24.2.2는 motion_planner_node에서 사용하는 변수 목록이다.

"detection_data", "path_data", "traffic_light_data", "lidar_data"는 각각 "detections", "path_planning_result", "yolov8_traffic_light_info", "lidar_obstacle_info" 토픽 정보로 실시간으로 업데이트 되는 변수이다.

"steering_command" 변수는 조향 명령 값을 담는 변수이다. 기본적으로 -7부터 +7까지의 정수 값을 갖는다(이후 25.3절에서 설정하는 값을 통해 조향 명령 값 범위를 변경할 수도 있다). 음수는 좌측 방향 조향을 양수는 우측 방향 조향을 뜻하며, 절댓값이 커질수록 조향을 크게 한다.

"left_speed_command"와 "right_speed_command"는 각각 좌측과 우측 구동 모터 속력 값을 담는 변수이다. -255부터 +255까지의 정수 값을 갖는다. 음수는 후진, 양수는 전진 방향을 뜻하며, 절댓값이 커질수록 빠른 속력으로 모터를 구동한다.

```
# 변수 초기화
self.detection_data = None
self.path_data = None
self.traffic_light_data = None
self.lidar_data = None

self.steering_command = 0
self.left_speed_command = 0
self.right_speed_command = 0
```

그림 24.2.2. 변수 목록

24.2.3. 데이터 콜백 함수

motion_planner_node에서는 네 가지 토픽을 구독한다. 각 토픽별 데이터 콜백 함수에서는 해당 토픽 데이터를 담는 변수를 업데이트 한다. 그림 24.2.3은 각 토픽별 데이터 콜백 함수이다. 각 데이터 콜백 함수의 역할은 토픽 데이터가 수신될 때마다 변수를 수신한 토픽 데이터로 업데이트하는 역할만을 수행한다.

```
def detection_callback(self, msg: DetectionArray):
    self.detection_data = msg

def path_callback(self, msg: PathPlanningResult):
    self.path_data = list(zip(msg.x_points, msg.y_points))

def traffic_light_callback(self, msg: String):
    self.traffic_light_data = msg

def lidar_callback(self, msg: Bool):
    self.lidar_data = msg
```

그림 24.2.3. 데이터 콜백 함수

24.2.4. 타이머 콜백 함수

타이머 콜백 함수는 주기적으로 자동 실행되는 함수이다. 타이머 콜백 함수는 데이터 콜백 함수가 업데이트한 변수들을 사용하여 조향 명령, 좌측 구동 모터 속도 명령, 우측 구동 모터 속도 명령을 생성한다.

그림 24.2.4는 라이다가 장애물을 감지했을 때 정지하는 명령을 생성하는 부분이다. 구독하는 장애물 여부 데이터가 "True"이면 정지하는 알고리즘이 작성되어 있다.

```python
def timer_callback(self):

    if self.lidar_data is not None and self.lidar_data.data is True:
        # 라이다가 장애물을 감지한 경우
        self.steering_command = 0
        self.left_speed_command = 0
        self.right_speed_command = 0
```

그림 24.2.4. 라이다가 장애물을 감지한 경우 제어 명령 생성

그림 24.2.5는 빨간색 신호등을 감지한 경우 정지하는 명령을 생성하는 부분이다. "detections" 토픽에는 감지한 객체에 대한 bbox 정보가 포함된다 (15.3절 참조). bbox는 객체의 테두리에 외접하는 사각형으로, 중심 좌표와 가로, 세로 길이 정보를 포함한다. 이를 이용해 bbox의 좌측 상단 및 우측 하단 꼭짓점 좌표를 추출할 수 있다. 예시 코드에서는 우측 하단 꼭짓점 좌표를 활용하여 신호등 위치를 판단한다.

```
elif self.traffic_light_data is not None and self.traffic_light_data.data == 'Red':
    # 빨간색 신호등을 감지한 경우
    for detection in self.detection_data.detections:
        if detection.class_name=='traffic light':
            x_min = int(detection.bbox.center.position.x - detection.bbox.size.x / 2) # bbox의 좌측상단 꼭짓점 x좌표
            x_max = int(detection.bbox.center.position.x + detection.bbox.size.x / 2) # bbox의 우측하단 꼭짓점 x좌표
            y_min = int(detection.bbox.center.position.y - detection.bbox.size.y / 2) # bbox의 좌측상단 꼭짓점 y좌표
            y_max = int(detection.bbox.center.position.y + detection.bbox.size.y / 2) # bbox의 우측하단 꼭짓점 y좌표

            if y_max < 150:
                # 신호등 위치에 따른 정지명령 결정
                self.steering_command = 0
                self.left_speed_command = 0
                self.right_speed_command = 0
```

그림 24.2.5. 빨간색 신호등을 감지한 경우 제어 명령 생성

그림 24.2.6은 신호등 하단의 y좌표 값을 보여준다. 신호등이 멀리 있을 때는 약 160, 신호등이 가까이 있을 때는 약 140 정도에 근접한다. 이를 활용하여 차량과 신호등의 거리를 판단할 수 있으며, y좌표 값이 150을 경계값으로 설정되었다. 차량이 신호등과 가까워짐에 따라 신호등의 하단 y좌표가 작아진다. 이를 기반으로 차량을 원하는 위치에 정지시키는 로직을 구현할 수 있다.

그림 24.2.6. 신호등 위치에 따른 bbox 하단 y 좌표 변화

그림 24.2.7은 path_planner_node에서 발행한 주행 경로 정보에 따라 제어 명령을 생성하는 부분이다. self.path_data는 path_callback 함수에 의해 업

데이트 되는 경로 지점 리스트로, y좌표가 작은 값부터 큰 값 순서대로 정렬되어 있다(22.3절 참조). 따라서 리스트의 마지막 값은 22장에서 설정한 CAR_CENTER_POINT 이며, 리스트의 앞쪽 인덱스에 가까운 점일수록 차량과 멀리 있는 경로 계획 지점이다. 예시 코드에서는 경로 리스트에서 뒤에서 10번째 값과 뒤에서 1번째 값(CAR_CENTER_POINT)을 DMFL(Decision Making Function Library)의 calculate_slope_between_points 함수의 인자로 전달하고 있다.

calculate_slope_between_points 함수는 두 점의 좌표를 인자로 받아 기울기를 계산한다. calculate_slope_between_points 함수가 반환하는 기울기는 그림 18.2.5의 좌표계를 따른다. 기울기 값은 target_slope 변수에 전달되고, 해당 변수에 따른 조향 명령을 결정한다. 예시 코드에서는 단순히 기울기의 부호에 따라 최대 조향을 하도록 설정해 두었다. 이는 독자들이 실제 주행 실습 중 적절한 알고리즘으로 수정할 수 있도록 의도된 기본 구조이다. 기본 구조에 따른 알고리즘을 실행하면 차량이 비틀거리며 이동하거나 차선을 이탈할 가능성이 있으므로, 주행 환경에 맞는 최적의 값을 찾아 조정하길 바란다. path_data 리스트에서 사용하는 경로 지점 또한 기본 구조에서 제시한 2개 점 (리스트의 뒤에서 1번째 값과 10번째 값)뿐만 아니라 다른 점들도 알고리즘 작성에 자유롭게 활용하길 바란다.

```
else:
    if self.path_data is None:
        self.steering_command = 0
    else:
        target_slope = DMFL.calculate_slope_between_points(self.path_data[-10], self.path_data[-1])

        if target_slope > 0:
            self.steering_command =  7 # 예시 조향 값 (7이 최대 조향)
        elif target_slope < 0:
            self.steering_command =  -7
        else:
            self.steering_command = 0


    self.left_speed_command = 100  # 예시 속도 값 (255가 최대 속도)
    self.right_speed_command = 100  # 예시 속도 값 (255가 최대 속도)
```

그림 24.2.7. 주행 경로에 따른 제어 명령 생성

그림 24.2.8은 조향 및 속도 명령을 퍼블리셔를 통해 발행하는 부분이다. 타이머 콜백 함수 내에서 작성된 알고리즘에 의해 결정된 steering(−7 ~ +7), left_speed(−255 ~ +255), right_speed(−255 ~ +255) 값을 발행한다.

```
# 모션 명령 메시지 생성 및 퍼블리시
motion_command_msg = MotionCommand()
motion_command_msg.steering = self.steering_command
motion_command_msg.left_speed = self.left_speed_command
motion_command_msg.right_speed = self.right_speed_command
self.publisher.publish(motion_command_msg)
```

그림 24.2.8. 제어 명령 발행

## 6부

자율주행 제어부 실습

25장

driving.ino

driving.ino는 자율주행 실습을 위한 통합 제어 코드이다. 노트북으로부터 시리얼 통신을 통해 제어 명령 메시지를 받고, 그에 맞게 모터를 제어한다. 시리얼 통신은 7부에서 다루도록 하고, 25장에서는 통합 제어용 아두이노 코드인 driving.ino에 대한 이해를 하도록 한다.

25.1. 핀 설정

그림 25.1.1은 driving.ino 코드 중 핀 설정 부분이다. 2.3절에서 모터드라이버의 IN1, IN2와 연결한 아두이노 메가의 핀 번호를 입력하도록 한다. POT 변수에는 가변저항의 OUT과 연결된 핀 이름을 입력하도록 한다.

```
4    // 핀 번호 변수
5    const int STEERING_1 = 2;
6    const int STEERING_2 = 3;
7    const int FORWARD_RIGHT_1 = 4;
8    const int FORWARD_RIGHT_2 = 5;
9    const int FORWARD_LEFT_1 = 6;
10   const int FORWARD_LEFT_2 =7;
11   const int POT = A2;
```

그림 25.1.1. 핀 설정

25.2. 가변저항 값 범위 설정

그림 25.2.1은 가변저항 값 범위를 설정하는 부분이다. 10.3절에서 확인한 최대 좌/우측 조향 시 가변저항 값을 각각 resistance_most_left, resistance_most_right 변수에 입력하도록 한다.

```
16    // 가변저항 값 범위
17    const int resistance_most_left = 460;
18    const int resistance_most_right = 352;
```

그림 25.2.1. 가변저항 값 범위 설정

25.3. 조향 단계 수 설정

그림 25.3.1은 driving.ino 코드 중 조향 단계를 설정하는 부분이다. 조향 단계는 차량의 조향 각을 세분화하여 제어하는 데 사용된다. driving.ino 에서는 조향 단계를 설정하여 차량이 좌측에서 우측까지 일정한 단계로 조향하도록 제어할 수 있다. 조향 단계 수는 MAX_STEERING_STEP 상수를 설정함으로써 결정된다. 그림 25.3.2는 MAX_STEERING_STEP을 각각 7과 20으로 설정했을 때의 조향 단계를 비교한 것이다. MAX_STEERING_STEP은 한쪽 조향 단계이므로, 7로 설정하면 좌측 7단계, 우측 7단계, 중앙(0단계)으로 총 15개의 조향 상태를 갖게 된다. 20으로 설정하면 41개의 조향 상태를 가질 수 있다.

```
20    // 조향 최대 단계 수 (한 쪽 기준)
21    const int MAX_STEERING_STEP = 7;
```

그림 25.3.1. 조향 단계 수 설정

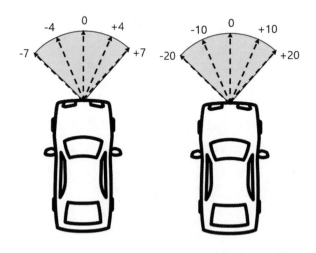

그림 25.3.2. 조향 단계 설정 비교

25.4. 제어 명령 주기 설정

제어 명령을 모터의 동작에 비해 너무 자주 내리게 되면, 모터가 충분히 반응하기 전에 새로운 명령이 전달되어, 일관된 움직임이 어려워 질 수 있다. 또한, 모터와 차량의 물리적 반응 시간을 고려하지 않고 명령을 남발하면, 제어 시스템의 실효성이 떨어질 수 있다.

이러한 문제는 제어 명령에 최소 대기시간을 설정하여 제한을 두어 해결할 수 있다. 그림 25.4.1은 driving.ino 코드 중 제어 주기 명령을 설정하는 부분이다. lastCommandTime 변수는 명령을 처리한 시간을 기록하기 위한 변

수로, 초기 값을 0으로 설정한다. COMMAND_INTERVER 상수 값이 제어
명령 주기 값으로, 적절하게 설정하도록 한다.

```
27    // 명령 주기 제한 변수
28    unsigned long lastCommandTime = 0; // 마지막 명령 처리 시간
29    const unsigned int COMMAND_INTERVAL = 50; // 명령 처리 간 최소 대기 시간(ms)
```

그림 25.4.1. 제어 명령 주기 설정

25.5. 조향 모터 제어

조향 모터는 25.3절에서 설정한 조향 단계를 기반으로 차량이 원하는 방
향으로 안정적으로 조향될 수 있도록 제어되어야 한다. 이를 위해 가변저항
값(실제 조향 상태) 와 명령 값(목표 조향 상태)를 지속적으로 비교하며 제어를
수행한다.

그림 25.5.1은 driving.ino 코드 중 조향 모터를 제어하는 부분이다.

```
resistance = analogRead(POT);
mapped_resistance = map(resistance, resistance_most_left, resistance_most_right, -MAX_STEERING_STEP, MAX_STEERING_STEP + 1);

// 조향 상태에 따라 동작 제어
if (mapped_resistance == angle) {
    maintainSteering();
} else if (mapped_resistance > angle) {
    steerLeft();
} else {
    steerRight();
}
```

그림 25.5.1. 조향 모터 제어

우선, resistance 변수를 통해 가변저항 값을 실시간으로 받아온다. 이는 실제 조향축의 물리적 위치 값을 가변저항의 분해능 수준으로 측정한 것이다. 이를 map 함수를 통해 물리적 조향축 위치를 논리적 조향 단계 값으로 변환한다. 변환된 조향 단계는 mapped_resistance 변수에 저장된다.

mapped_resistance(현재 조향 상태)와 angle(명령된 조향 상태)를 비교하여 조향 모터를 제어한다. 목표 값과 현재 값이 같으면 maintainSteering 함수를 호출하여 조향 모터를 정지 상태로 둔다. 현재 값이 목표 값보다 크면 steerLeft 함수를 호출하여 좌측으로 조향한다. 현재 값이 목표 값보다 작으면 steerRight 함수를 호출하여 우측으로 조향한다.

그림 25.5.2는 maintainSteering，steerLeft，steerRight 함수의 정의이다. 이는 10.2절에서 다루었던 모터 구동의 원리와 동일하다.

```
86    // 조향 제어 함수
87    void steerRight() {
88        analogWrite(STEERING_1, STEERING_SPEED);
89        analogWrite(STEERING_2, LOW);
90    }
91
92    void steerLeft() {
93        analogWrite(STEERING_1, LOW);
94        analogWrite(STEERING_2, STEERING_SPEED);
95    }
96
97    void maintainSteering() {
98        analogWrite(STEERING_1, LOW);
99        analogWrite(STEERING_2, LOW);
100   }
```

그림 25.5.2. 조향 모터 제어 함수 정의

25.6. 후륜 구동 모터 제어

그림 25.6.1은 driving.ino 코드 중 후륜 구동 모터를 제어하는 부분이다. 구동 모터 제어 함수에 원하는 속도 값(−255 ~ +255)을 인자로 전달하는 방식이다.

```
// 모터 속도 설정
setLeftMotorSpeed(left_speed);
setRightMotorSpeed(right_speed);
```

그림 25.5.1. 구동 모터 제어

그림 25.6.2는 후륜 구동 모터 제어 함수의 정의이다. 이는 10.2절에서 다루었던 모터 구동 코드와 유사한 구조이다.

```
102    // 모터 속도 설정 함수
103    void setLeftMotorSpeed(int speed) {
104        if (speed > 0) {
105            analogWrite(FORWARD_LEFT_1, speed);
106            analogWrite(FORWARD_LEFT_2, LOW);
107        } else {
108            analogWrite(FORWARD_LEFT_1, LOW);
109            analogWrite(FORWARD_LEFT_2, (-1) * speed);
110        }
111    }
112
113    void setRightMotorSpeed(int speed) {
114        if (speed > 0) {
115            analogWrite(FORWARD_RIGHT_1, speed);
116            analogWrite(FORWARD_RIGHT_2, LOW);
117        } else {
118            analogWrite(FORWARD_RIGHT_1, LOW);
119            analogWrite(FORWARD_RIGHT_2, (-1) * speed);
120        }
121    }
```

그림 25.6.2. 구동 모터 제어 함수 정의

25.7. 제어 명령 하달

제어 명령은 시리얼 통신을 통해 실시간으로 하달 된다. 이는 26장과 7부에서 다루도록 한다.

26장
수동 주행

26장에서는 수동 주행을 통한 제어부 모듈 실습을 한다. 수동 주행을 하며, 카메라 센서 데이터 수집 방법 또한 부가적으로 알아보도록 한다.

26.1. driving.ino 업로드

2장에서 진행한 하드웨어 연결을 모두 진행한 뒤, 25.1절부터 25.4절까지의 설정을 완료하도록 한다. 이후, driving.ino 코드를 아두이노 메가에 업로드한다(코드 업로드 방법은 10장 참조).

26.2. 차량 전원 켜기

주행 코드를 실행하기 이전에 차량 전원을 켜도록 한다. 배터리 전원을 켜고, SMPS와 모터드라이버에 전원이 들어왔는지 확인한다.

26.3. 수동 주행 코드(데이터 수집 코드)

수동 주행 코드는 src/data_collection/data_collection.py이다(12.2.3절 참조).

26.3.1. 파라미터 설정

그림 26.2.1은 data_collection.py에서 파라미터를 설정하는 부분이다. DATA_PATH에는 수동 주행 중, 수집한 데이터의 저장 경로를 입력한다. CAMERA_NUM은 ls /dev/video* 명령을 통해 확인한 카메라 번호를 입력한다(14.2.1절 참조). SERIAL_PORT는 ls /dev/ttyA* 명령을 통해 확인한 아두이노 포트를 입력한다(10.1.1절 참조). MAX_STEERING은 driving.ino 파일의 MAX_STEERING_STEP 상수와 동일한 값을 입력한다(25.3절 참조).

```
DATA_PATH = "./Collected_Datasets"
CAMERA_NUM = 0
SERIAL_PORT = "/dev/ttyACM0"
MAX_STEERING = 7  # 사용자 정의 최대 조향 단계
```

그림 26.2.1. 파라미터 설정

26.3.2. 프로그램 실행

아래 명령을 통해 파이썬 파일을 관리자 권한을 부여하여 실행할 수 있다. 수동 주행 코드는 키보드 입력을 받는 프로그램이기 때문에, 관리자 권한을 부여하여 실행하여야 한다. 파일명은 절대 경로로 ~/ros2_ws/src/data_collection/data_collection.py를 입력하면 될 것이다.

26.4. 수동 주행 동작

26.4.1. 키보드로 주행 명령 하달

프로그램이 실행되면 주기적으로 제어 명령이 시리얼 통신을 통해 아두이노 메가에 전달된다. 초기에 전달되는 명령은 속도 값 0, 조향 값 0이 주기적으로 전달된다.

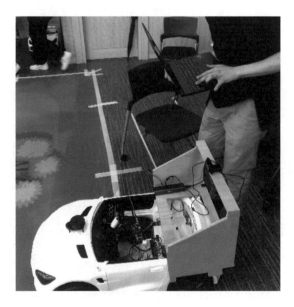

그림 26.4.1. 수동 주행 방법

사용자가 키보드 입력을 통해 전달되는 명령을 변경하면, 모터가 동작한다. "w"키는 전진 방향으로 속력을 증가시키는 명령이다. "s"키는 후진 방향으로 속력을 증가시키는 명령이다. "a"키는 좌측으로 조향 단계를 1단계 이동시키는 명령이다. "d"키는 우측으로 조향 단계를 1단계 이동시키는 명령이다. "f"키를 누르면 속도 값 0, 조향 값 0 명령을 아두이노 메가에 전달하고 프로그램이 종료된다. "r"키를 누르면 속도 값 0, 조향 값 0으로 설정되며, 프로그램은 종료되지 않는다.

26.4.2. 오동작시 대처 법

키보드로 주행 명령을 하달하였을 때, 전진 명령을 내렸을 때는 후진하고, 후진 명령을 내리면 전진하는 현상을 겪는다면, 25.1절의 핀 설정 부분에서 해당 모터의 핀 번호를 서로 반대로 입력하도록 한다. 조향 명령이 잘 되지 않으면, 조향 모터의 핀 번호를 서로 반대로 입력하도록 한다.

핀 번호를 서로 반대로 입력하여도 동작하지 않는다면, 2장에서 진행한 하드웨어 연결을 확인하길 바란다.

26.5. 데이터 수집

수동 주행을 진행하는 도중에 "c"키를 누르면 해당 시점에 카메라 센서 이미지가 26.3.1절에서 설정한 DATA_PATH 경로에 저장된다. 수동 주행 중 "c"키를 연타하면 여러 장의 데이터를 한꺼번에 수집할 수 있다. 수집한 날짜 및 시각에 대한 디렉터리가 생성되고, 해당 디렉터리 내에 수집한 이미지 파일들이 수집된 순서에 따라 번호가 매겨진 상태로 저장된다. 이를 활용해 원하는 자율주행 환경에 대한 데이터를 수집하고, 해당 데이터로 13장을 참조하여 학습을 진행하여 자율주행 인지에 활용할 수 있다.

## 7부

자율주행 통신부 실습

serial sender node

serial_sender_node는 serial_communication_pkg를 구성하는 노드로서, 판단부 모듈에서 발행한 제어 정보를 시리얼 프로토콜에 맞게 변환하여 아두이노 메가에 제어 메시지를 송신하는 노드이다.

27.1. 아두이노 메가 연결

아두이노 메가를 연결하여 아래 명령을 통해 포트를 확인한다(10.1.1절 참조).

```
ls /dev/ttyA*
```

27.2. 코드 분석

27장에서는 코드 분석을 먼저 진행하고 노드 실행을 한다. 코드상에 아두이노 메가 연결 포트를 파라미터를 통해 지정하기 때문이다.

27.2.1. 파라미터 설정

그림 27.2.1은 serial_sender_node.py의 코드 중 파라미터를 설정하는 부분이다.

```
#--------------Variable Setting--------------
# Subscribe할 토픽 이름
SUB_TOPIC_NAME = "topic_control_signal"

# 아두이노 장치 이름 (ls /dev/ttyA* 명령을 터미널 창에 입력하여 확인)
PORT='/dev/ttyACM0'
#--------------------------------------------
```

그림 27.2.1. 파라미터 설정 부분

SUB_TOPIC_NAME은 구독하는 토픽에 대한 이름이다. 이 노드에서는 판단부 모듈의 motion_planner_node가 발행하는 토픽을 구독한다. PORT는 27.1절에서 확인한 아두이노 메가 포트를 입력하도록 한다.

27.2.2. 데이터 콜백 함수

그림 27.2.2는 serial_sender_node에서 구독하는 토픽에 대한 데이터 콜백 함수의 정의이다. 조향 단계, 좌측 구동 모터 속력, 우측 구동 모터 속력을 받은 뒤, convert_serial_message 함수에 인자로 전달한다. 최종적으로, convert_serial_message 함수가 리턴한 메시지를 시리얼 통신을 통해 아두이노 메가로 송신한다.

```
def data_callback(self, msg):
    steering = msg.steering
    left_speed = msg.left_speed
    right_speed = msg.right_speed

    serial_msg = PCFL.convert_serial_message(steering, left_speed, right_speed)
    ser.write(serial_msg.encode())
```

그림 27.2.2. 데이터 콜백 함수

그림 27.2.3은 src/serial_communication_pkg/serial_communication_pkg/lib/protocol_convert_func_lib.py 내에 존재하는 convert_serial_message 함수의 정의이다. 조향 단계 값 앞에는 "s", 좌측 구동 모터 속력 앞에는 "l", 우측 구동 모터 속력 앞에는 "r", 마지막에 개행 문자("\n")를 붙인 문자열을 메시지로 리턴한다. 이는 driving.ino와 호환되는 메시지 형식이다. driving.ino에서는 해당 메시지를 파싱하여 조향 단계 명령 값 및 각 모터별 속력 명령 값을 알아낸 뒤, 25장에서 확인하였던 방식으로 모터를 제어한다.

```
serial_communication_pkg > serial_communication_pkg > lib > 🐍 protocol_convert_func_lib.py > ...
1    def convert_serial_message(steering, left_speed, right_speed):
2        message = f"s{steering}l{left_speed}r{right_speed}\n"
3        return message
```

그림 27.2.3. 프로토콜 변환

27.2.3. driving.ino 시리얼 통신 수신부

그림 27.2.4, 그림 27.2.5는 serial_sender_node가 송신한 시리얼 메시지를 수신하는 driving.ino 내의 함수들이다.

```
123    // 직렬 데이터 처리
124    void processIncomingByte(const byte inByte) {
125        static char input_line[MAX_INPUT];
126        static unsigned int input_pos = 0;
127
128        switch (inByte) {
129            case '\n':
130                input_line[input_pos] = 0; // 종료 문자 추가
131                processData(input_line);  // 데이터 처리
132                input_pos = 0; // 버퍼 초기화
133                break;
134
135            case '\r':
136                break; // 캐리지 리턴 무시
137
138            default:
139                if (input_pos < (MAX_INPUT - 1)) {
140                    input_line[input_pos++] = inByte;
141                }
142                break;
143        }
144    }
```

그림 27.2.4. processIncomingByte 함수

processIncomingByte 함수는 개행 문자(\n) 가 감지될 때까지 수신한 데이터를 input_line 배열에 저장한다. 개행 문자가 감지되면 하나의 온전한 메시지를 받은 것으로 간주하여 배열에 저장된 문자열을 processData 함수로 전달한다. processIncomingByte 함수는 명령 처리가 완료되면 배열을 초기화해 다음 명령을 수신할 준비를 한다.

```
146    // 데이터 패킷 처리
147    void processData(const char *data) {
148        int sIndex = -1, lIndex = -1, rIndex = -1;
149
150        // 명령 파싱
151        for (int i = 0; data[i] != '\0'; i++) {
152            if (data[i] == 's') sIndex = i;
153            else if (data[i] == 'l') lIndex = i;
154            else if (data[i] == 'r') rIndex = i;
155        }
156
157        if (sIndex != -1 && lIndex != -1 && rIndex != -1) {
158            int newAngle = atoi(data + sIndex + 1);
159            int newLeftSpeed = atoi(data + lIndex + 1);
160            int newRightSpeed = atoi(data + rIndex + 1);
161
162            // 명령 값 업데이트 (중복 명령 무시)
163            if (newAngle != angle || newLeftSpeed != left_speed || newRightSpeed != right_speed) {
164                angle = newAngle;
165                left_speed = newLeftSpeed;
166                right_speed = newRightSpeed;
167
168                // 조향 값 제한
169                if (angle > MAX_STEERING_STEP) angle = MAX_STEERING_STEP;
170                else if (angle < -MAX_STEERING_STEP) angle = -MAX_STEERING_STEP;
171            }
172        }
173    }
```

그림 27.2.5. processData 함수

processData 함수는 processIncomingByte 함수로부터 하나의 온전한 제어 메시지를 받아서 문자열 파싱을 통해 조향 단계와 속도 명령을 업데이트한다. 문자열에서 "s", "l", "r", 을 키워드로 사용해 조향 단계, 좌측 구동 모터 속도, 우측 구동 모터 속도의 시작 인덱스를 찾고, 해당 값들을 atoi 함수를 통해 정수형으로 변환한다. 이를 통해 아두이노는 수신한 시리얼 메시지를 기반으로 제어 명령 값을 알아내, 차량 제어에 활용할 수 있다.

27.3. 노드 실행

Terminator를 분할하여 motion_planner_node를 실행하고, 아래 절차를 통해 serial_sender_node를 실행한다.

아래 명령을 입력하여 ros2_ws로 이동한다.

```
cd ~/ros2_ws
```

아래 두 개 명령을 입력하여 소싱한다.

```
source /opt/ros/humble/setup.bash
```

```
source ./install/local_setup.bash
```

아래 명령을 입력하여 노드를 실행한다.

```
ros2 run serial_communication_pkg serial_sender_node
```

다른 터미널 창에서 아래 명령을 입력하여 실행중인 노드 목록과 토픽 정보를 확인한다(11.5절 참조).

```
rqt_graph
```

그림 27.3.1은 motion_planner_node, serial_sender_node 를 모두 실행한 후의 rqt_graph이다. motion_planner_node에서 발행한 제어 정보를 구독함을 확인할 수 있다.

그림 27.3.1. rqt_graph

그림 27.3.2는 image_publisher_node, yolov8_node, lane_info_extractor_ node, traffic_light_detector_node, path_planner_node, lidar_publisher_node, lidar_processor_node, lidar_obstacle_detector_node, motion_planner_node, serial_sender_node 를 모두 실행하였을 때 나타나는 rqt_graph이다. 차량의 연결에 이상이 없고, 이와 같이 모든 노드를 실행한 뒤, 차량의 전원을 켜면 차량이 작성한 알고리즘에 따라 차량이 동작하게 된다.

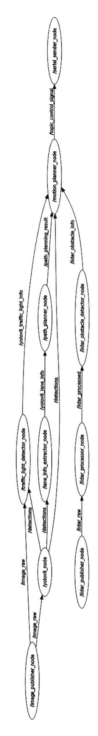

그림 27.3.2. rqt_graph

부록

A
주행 환경

A장에서는 본 교재에서 활용하는 주행 환경에 대한 소개를 한다. 주행 환경으로는 "제1회 미래형자동차 자율주행SW경진대회" 환경을 활용한다. 대회 영상[1]을 통해서도 주행 환경을 확인해 볼 수 있다.

주행 트랙은 현수막 재질의 트랙을 사용하며, 그림 A.1과 같다. 주행 트랙의 도면은 그림 A.2와 같다.

· · ·

1) https://www.youtube.com/watch?v=-7GV-lfCI8I&t=5704s

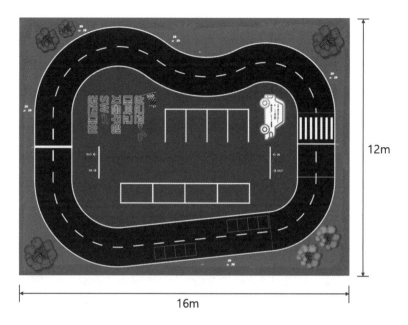

그림 A.1. 주행 트랙

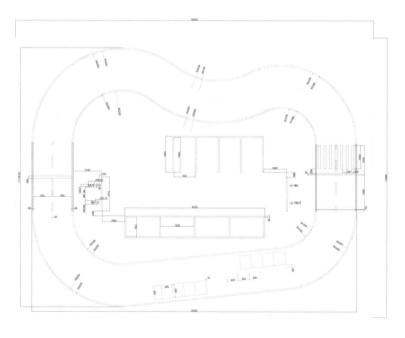

그림 A.2. 주행 트랙 도면

B
리눅스 기본 명령

    B장에서는 리눅스 시스템을 사용할 때 자주 사용하는 기본 명령들에 대해 알아본다. 리눅스는 강력한 CLI 환경을 제공하여 명령 입력을 받아 사용자와 시스템 간의 상호작용 할 수 있게 한다. 이러한 명령들은 파일 관리, 시스템 탐색, 프로세스 관리 등 다양한 작업에 사용된다. 리눅스에서 사용되는 명령들은 매우 많으며, 각 명령은 다양한 옵션과 함께 사용할 수 있어 그 활용도가 매우 넓다.

    그러나 모든 명령을 한 번에 익히는 것은 어렵고 비효율적일 수 있으므로, 본 교재에서는 실습을 위해 사용할 명령어들을 중심으로 다룬다. 이러한 명령어들은 리눅스 환경에서 기본적인 작업을 수행하는 데 필수적이며, 향후 더 복잡한 작업을 진행할 때도 기초가 될 것이다.

    추가로 리눅스 명령어에 대해 더 깊이 배우고자 한다면, 기타 문서나 서적을 참고하여 학습을 확장해 나가는 것이 좋다. 리눅스 커뮤니티와 다양한 온라인 리소스도 매우 유용한 자료를 제공하고 있으므로 적극 활용하기를 권장한다.

B.1. ls 명령

ls 명령은 특정 디렉터리 내의 파일의 목록을 출력하거나 파일에 관한 정보를 출력하는데 사용된다. 현재 위치한 디렉터리의 내용을 간단히 나열해주며, 다양한 옵션을 통해 상세한 정보나 특정 형식으로 파일 목록을 볼 수 있다. 그림 B.1.1은 ls 명령을 통해 현재 위치한 디렉터리의 내용을 확인한 결과이다. GUI 기반의 파일 탐색기와 CLI 기반의 ls 명령이 나타낸 결과가 일치하다는 것을 확인할 수 있다.

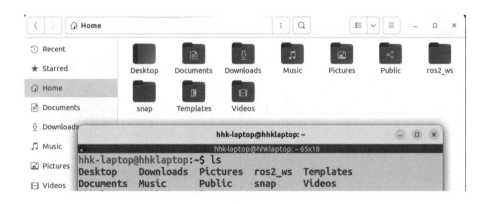

그림 B.1.1. ls 명령

ls -l 명령은 각 파일의 권한, 소유자, 그룹, 크기, 수정 날짜 등 상세 정보를 포함하여 목록을 표시하는 명령이다. 그림 B.1.2는 ls 명령에 l 옵션을 사용한 결과화면이다. 각 파일 및 디렉터리에 대한 상세 정보가 조회됨을 확인할 수 있다.

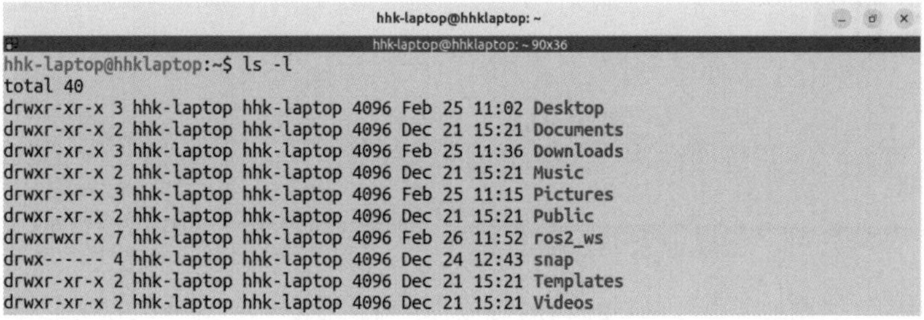

그림 B.1.2. ls -l 명령

ls -a 명령은 숨김 파일과 디렉터리까지 모두 표시하는 명령이다. 그림 B.1.3은 ls 명령에 a 옵션을 사용한 결과화면이다. 숨김 파일까지 모두 조회됨을 확인할 수 있다.

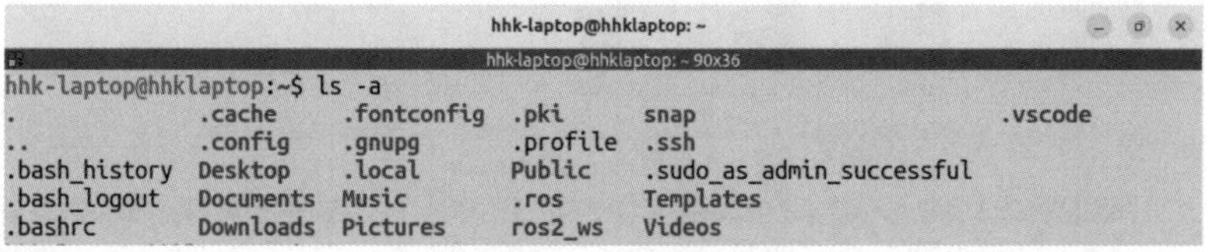

그림 B.1.3. ls -a 명령

B.2. cd 명령

cd 명령은 현재 작업 디렉터리를 특정 디렉터리로 변경하는 명령이다. 변경할 디렉터리 지정은 절대경로와 상대경로를 통해 가능하다. 그림 B.2.1은 cd 명령을 통해 현재 위치한 디렉터리를 ros2_ws로 이동한 화면이다(ros2_ws 디렉터리 관련 내용은 8장 참조). 현재 위치한 디렉터리 이동 전후로 ls 명령을 통해 내부 파일 및 디렉터리를 확인하면서 cd 명령에 대한 이해를 하길 바란다.

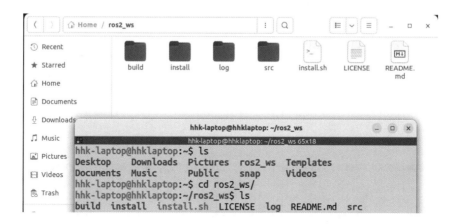

그림 B.2.1. cd 명령

B.3. pwd 명령

pwd 명령은 현재 디렉터리의 절대 경로명을 출력하는 명령이다.

그림 B.2.2. pwd 명령

B.4. mkdir 명령

mkdir 명령은 디렉터리를 생성하는 명령이다. 그림 B.4.1은 mkdir 명령을 통해 new_folder 디렉터리를 생성한 모습이다. 디렉터리 생성 전후로 ls 명령을 통해 new_folder가 생성되어 있는지를 확인할 수 있다.

그림 B.4.1. mkdir 명령

B.5. rm 명령

rm 명령은 파일을 삭제하는 명령이다. rm 명령에 – r 옵션을 추가하면 디렉터리를 제거할 수 있다. –i 옵션을 추가하면 삭제하기 전에 확인 메시지를 표시하여 중요한 파일을 실수로 삭제하는 것을 방지할 수 있다. 확인 메시지가 나타났을 때 "y" 키를 누르면 최종 삭제, "n"키를 누르면 삭제 취소가 된다. 그림 B.5.1은 mkdir 명령을 통해 디렉터리를 생성하고 해당 디렉터리를 삭제해보는 예시화면이다. 그림 B.1.7과 동일한 명령을 입력하며 rm 명령을 익혀보길 바란다.

```
                               hhk-laptop@hhklaptop: ~
                            hhk-laptop@hhklaptop: ~ 90x36
hhk-laptop@hhklaptop:~/ros2_ws$ cd ~
hhk-laptop@hhklaptop:~$ ls
Desktop  Documents  Downloads  Music  Pictures  Public  ros2_ws  snap  Templates  Videos
hhk-laptop@hhklaptop:~$ mkdir new_folder
hhk-laptop@hhklaptop:~$ ls
Desktop    Downloads  new_folder  Public   snap       Videos
Documents  Music      Pictures    ros2_ws  Templates
hhk-laptop@hhklaptop:~$ rm new_folder
rm: cannot remove 'new_folder': Is a directory
hhk-laptop@hhklaptop:~$ rm -r new_folder/
hhk-laptop@hhklaptop:~$ ls
Desktop  Documents  Downloads  Music  Pictures  Public  ros2_ws  snap  Templates  Videos
hhk-laptop@hhklaptop:~$ mkdir new_folder
hhk-laptop@hhklaptop:~$ ls
Desktop    Downloads  new_folder  Public   snap       Videos
Documents  Music      Pictures    ros2_ws  Templates
hhk-laptop@hhklaptop:~$ rm -ir new_folder
rm: remove directory 'new_folder'? n
hhk-laptop@hhklaptop:~$ ls
Desktop    Downloads  new_folder  Public   snap       Videos
Documents  Music      Pictures    ros2_ws  Templates
hhk-laptop@hhklaptop:~$ rm -ir new_folder
rm: remove directory 'new_folder'? y
hhk-laptop@hhklaptop:~$ ls
Desktop  Documents  Downloads  Music  Pictures  Public  ros2_ws  snap  Templates  Videos
```

그림 B.5.1. rm 명령

C

interfaces pkg

interfaces_pkg는 ROS 2에서 노드 간 토픽 데이터를 주고받을 때 사용하는 메시지 데이터 타입을 정의하는 패키지이다(12.2.9절 참조). 그림 C.0.1은 Visual Studio Code에서 조회한 interfaces_pkg 디렉토리 내의 하위 항목들을 보여준다. C장에서는 본 교재에서 주고받는 토픽 데이터 타입 중 일부의 정의를 살펴보고, CMakeLists.txt 파일의 구성을 간략히 설명하여 노드 간 통신에 필요한 메시지 타입 정의와 빌드 프로세스를 보다 명확히 이해할 수 있도록 한다.

그림 C.0.1. interfaces_pkg 하위 항목

C.1. MotionCommand

MotionCommand는 제어 명령 데이터를 담기 위한 메시지 정의이다. 그림 C.1.1은 MotionCommand.msg 파일의 내용을 보여준다. 이 메시지는 32비트 정수 자료형(int32)으로 정의된 3개의 필드(steering, left_speed, right_speed)를 포함한다. 이를 통해 차량의 조향 각도와 좌/우측 모터의 속도를 나타낼 수 있다.

그림 24.2.8은 motion_planner_node가 MotionCommand를 통해 제어 명령을 발행하는 코드를 보여준다. 첫 번째 줄에서는 MotionCommand() 클래스를 호출하여 메시지 객체를 생성한다. 2~4번째 줄에서는 생성된 객체의 필드(steering, left_speed, right_speed)에 제어 명령 데이터를 할당한다. 마지막 줄에서는 완성된 메시지를 노드의 퍼블리셔를 통해 토픽으로 발행한다.

```
interfaces_pkg > msg > ≡ MotionCommand.msg
  1    int32 steering
  2    int32 left_speed
  3    int32 right_speed
```

그림 C.1.1. MotionCommand.msg

C.2. TargetPoint

TargetPoint는 lane_info_extractor_node에서 차선의 중점 정보를 담기 위한 메시지 정의이다. 그림 C.2.1은 TargetPoint.msg 파일의 내용을 보여준다. 이 메시지는 64비트 정수 자료형(int64) 으로 정의된 2개의 필드(target_x, target_y)를 포함한다. 이를 통해 차선 중점의 x좌표와 y좌표를 나타낼 수 있다.

```
interfaces_pkg > msg > ≡ TargetPoint.msg
  1    int64 target_x
  2    int64 target_y
```

그림 C.2.1. TargetPoint.msg

C.3. LaneInfo

LaneInfo는 lane_info_extractor_node에서 차선 정보를 담기 위한 메시지 정의이다. 그림 C.3.1은 LaneInfo.msg 파일의 내용을 보여준다. 이 메시지는 32비트 실수 자료형(float32) 으로 정의된 1개의 필드(slope) 와 C.2절에서 소개한 TaregetPoint 메시지의 리스트 형으로 정의된 1개의 필드(target_points)를 포함한다.

그림 18.2.4는 lane_info_extractor_node가 LaneInfo를 통해 차선 정보를 발행하는 코드를 보여준다. 그림 18.2.4의 94번째 줄에서는 LaneInfo() 클래스를 호출하여 메시지 객체를 생성한다. 95, 96번째 줄에서는 생성된 객체익 필드(slope, target_ponts)에 차선 정보 데이터를 할당한다. 98번째 줄에서는 완성된 메시즈를 노드의 퍼블리셔를 통해 토픽으로 발행한다.

LaneInfo의 target_points 필드는 C.2절에서 소개한 TargetPoint 메시지 여러 개를 리스트 형태로 받아온다. 이를 통해 ROS 2에서 메시지 정의는 다른 메시지를 필드로 상속할 수 있음을 알 수 있다. 이는 복잡한 데이터 구조를 설계할 때 매우 유용하며, 노드 간 통신에서 데이터를 효율적으로 처리할 수 있도록 지원한다.

그림 C.3.1. LaneInfo.msg

C.4. CMakeLists.txt

CMakeList.txt 파일은 ROS 2 패키지의 빌드 설정과 의존성 관리를 정의하는 파일이다. 이 파일에 .msg 파일들을 명시하면, 빌드(12.3절 참조) 시 해당 메시지들을 사용할 수 있게 자동으로 코드가 생성된다.

그림 C.4.1은 interfaces_pkg의 CMakeList.txt 파일의 내용이다. 1번째 줄은 이 프로젝트에 필요한 최소 CMake 버전을 설정하는 것이다. 이 프로젝트에서는 버전 3.8 이상을 요구한다. 2번째 줄은 패키지 이름을 정의하며, 여기서는 interfaces_pkg로 설정되어 있다. 4~8번째 줄은 의존성을 찾는 것이다. 의존성은 특정 패키지가 다른 패키지나 라이브러리를 사용하는 경우, 그것을 올바르게 찾아서 사용할 수 있도록 설정하는 것을 의미한다. 예를 들어, 7번째 줄의 std_msgs는 기본적인 메시지 타입(Boolean, String, int64 등)을 정의하는 패키지를 불러오는 것이다. REQUIRED는 의존성이 필수적임을 의미하며, 만약 지정한 REQUIRED로 지정한 패키지가 설치되어 있지 않다면, 빌드 과정에서 오류를 발생시킨다.

10~29번째 줄은 .msg 파일들을 기반으로 ROS 2 인터페이스 코드를 생성하기 위한 부분이다. 필요한 .msg 파일을 이 곳에 나열한 뒤 빌드하면 해당 메시지를 사용하기 위한 인터페이스 코드가 자동으로 생성된다. DEPEN-DENCIES는 메시지 정의에서 참조되는 패키지를 명시하는 것이다.

31번째 줄은 interfaces_pkg가 ROS 2 패키지로 인식되도록 설정하는 것이다.

```
interfaces_pkg > M CMakeLists.txt
   1   cmake_minimum_required(VERSION 3.8)
   2   project(interfaces_pkg)
   3
   4   # find dependencies
   5   find_package(ament_cmake REQUIRED)
   6   find_package(rosidl_default_generators REQUIRED)
   7   find_package(std_msgs REQUIRED)
   8   find_package(geometry_msgs REQUIRED)
   9
  10   rosidl_generate_interfaces(${PROJECT_NAME}
  11     "msg/Point2D.msg"
  12     "msg/Vector2.msg"
  13     "msg/Pose2D.msg"
  14     "msg/BoundingBox2D.msg"
  15     "msg/BoundingBox3D.msg"
  16     "msg/Mask.msg"
  17     "msg/KeyPoint2D.msg"
  18     "msg/KeyPoint2DArray.msg"
  19     "msg/KeyPoint3D.msg"
  20     "msg/KeyPoint3DArray.msg"
  21     "msg/Detection.msg"
  22     "msg/DetectionArray.msg"
  23     "msg/LaneInfo.msg"
  24     "msg/MotionCommand.msg"
  25     "msg/TargetPoint.msg"
  26     "msg/PathPlanningResult.msg"
  27
  28     DEPENDENCIES std_msgs geometry_msgs
  29   )
  30
  31   ament_package()
```

그림 C.4.1. CMakeLists.txt

C.5. 메시지 정의 추가

interfaces_pkg는 노드 간 데이터 교환을 위해 메시지 타입을 정의하는 패키지로, 시스템의 요구사항에 따라 새로운 메시지 타입을 추가해야 할 때가 있을 수 있다. 본 절에서는 메시지 정의 파일을 추가하는 과정을 설명한다. 메시지 정의 추가는 .msg파일을 생성하고, 해당 .msg 파일을 CMakeLists.txt를 수정한 뒤, 재빌드 과정을 거치면 된다.

C.5.1. .msg 파일 생성

그림 C.5.1과 같이 Visual Studio Code에서 msg 디렉터리를 선택하고 파일 추가를 통해 새로운 .msg파일을 생성한다. 이후, 그림 C.5.2와 같이 .msg 파일에 필요한 정보의 자료형과 필드를 명시한다.

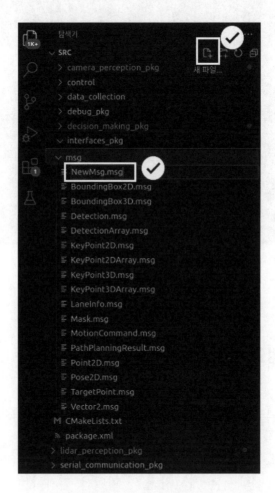

그림 C.5.1. .msg 파일 생성

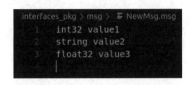

그림 C.5.2. .msg 파일 작성

C.5.2. CMakeLists.txt 파일 수정

그림 C.5.3과 같이 CMakeLists.txt 파일의 .msg 파일들의 목록에 신규로 생성한 파일을 추가로 적는다.

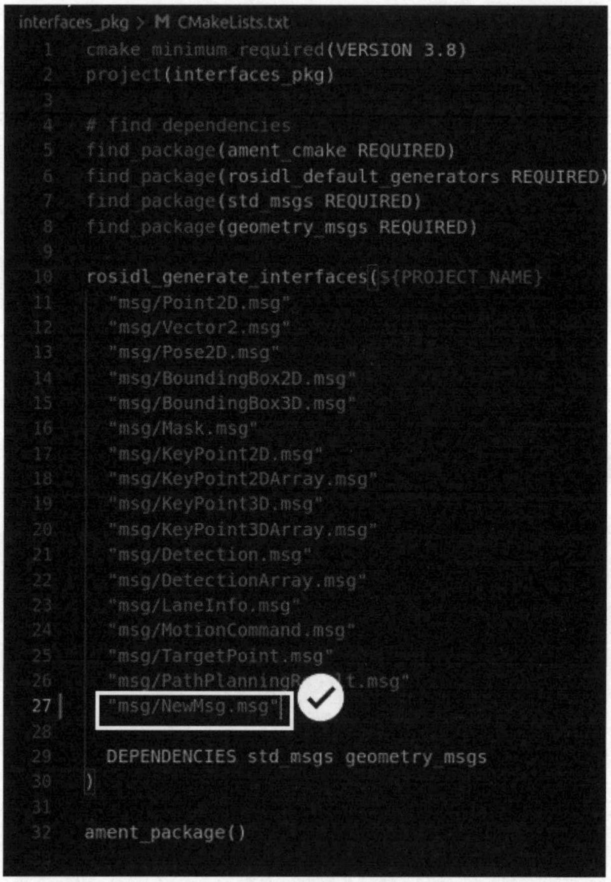

```
interfaces_pkg > M CMakeLists.txt
  1   cmake_minimum_required(VERSION 3.8)
  2   project(interfaces_pkg)
  3
  4   # find dependencies
  5   find_package(ament_cmake REQUIRED)
  6   find_package(rosidl_default_generators REQUIRED)
  7   find_package(std_msgs REQUIRED)
  8   find_package(geometry_msgs REQUIRED)
  9
 10   rosidl_generate_interfaces(${PROJECT_NAME}
 11     "msg/Point2D.msg"
 12     "msg/Vector2.msg"
 13     "msg/Pose2D.msg"
 14     "msg/BoundingBox2D.msg"
 15     "msg/BoundingBox3D.msg"
 16     "msg/Mask.msg"
 17     "msg/KeyPoint2D.msg"
 18     "msg/KeyPoint2DArray.msg"
 19     "msg/KeyPoint3D.msg"
 20     "msg/KeyPoint3DArray.msg"
 21     "msg/Detection.msg"
 22     "msg/DetectionArray.msg"
 23     "msg/LaneInfo.msg"
 24     "msg/MotionCommand.msg"
 25     "msg/TargetPoint.msg"
 26     "msg/PathPlanningResult.msg"
 27     "msg/NewMsg.msg"
 28
 29     DEPENDENCIES std_msgs geometry_msgs
 30   )
 31
 32   ament_package()
```

그림 C.5.3. CMakeLists.txt 수정

C.5.3. 빌드 실행

12.3절에 나타난 빌드 과정을 한 번 더 재실행한다. 빌드 이후에는 새롭게 작성한 메시지를 여러 노드에서 활용할 수 있다.

D
참고문헌

ROS 2, https://docs.ros.org/en/humble/index.html

Visual Studio, https://demun.github.io/vscode-tutorial/

Arduino, https://www.arduino.cc/en/Tutorial/HomePage

Terminator, https://terminator-gtk3.readthedocs.io/en/latest/

H-Moblility Class Advanced Class https://github.com/SKKUAutLab/H-Mobility-Autonomous-
    Advanced-Course/tree/main

Ubuntu Tutorials, https://ubuntu.com/tutorials

Nvidia, https://docs.nvidia.com/

임베디드 리눅스 응용(전재욱), 2005

ROS 2로 시작하는 로봇프로그래밍(표윤석, 임태훈), 2021

레고 마인드스톰 EV3 마스터 가이드(로렌스 발크), 2015

Do it! 키트 없이 만드는 아두이노(박필준), 2020

파이썬과 AI 인공지능 카메라를 활용한 자율주행 자동차(장문철), 2024

실전! 프로젝트로 배우는 딥러닝 컴퓨터비전(김혜진, 왕진영), 2024

ROS2 혼자공부하는 로봇SW 직접 만들고 코딩하자(민형기), 2022

자율주행차량 기술 입문(행키 샤프리), 2021

ROS 2 기반
자율주행 차량
설계 및 구현

1판 1쇄 인쇄 2025년 2월 24일
1판 1쇄 발행 2025년 2월 28일

지은이 홍형근, 이진선, 이시우, 전재욱
펴낸이 유지범
펴낸곳 성균관대학교 출판부
등록 1975년 5월 21일 제1975-9호

주소 03063 서울특별시 종로구 성균관로 25-2
대표전화 02)760-1253~4
팩시밀리 02)762-7452
홈페이지 press.skku.edu

ISBN 979-11-5550-659-2 93560

※ 이 교재는 정부(교육부-산업통상자원부)의 재원으로 한국산업기술진흥원의 지원을
   받아 수행된 연구임(P0022098, 2024년 미래형자동차 기술융합 혁신인재양성사업).